SCIENTIFIC PERSPECTIVE

科学の目で見る

日本列島の
地震・津波・噴火
の歴史

山賀 進
Susumu Yamaga

はじめに

　時の流れは速く、2011年3月11日に起きたあの超巨大地震、東北地方太平洋沖地震（東日本大震災）から着実に月日が流れています。遠く離れた地に住む人たちにとっては、すでに過去の出来事になっているかもしれません。ましてや、いま自分たちが住んでいるところでも、近い将来にあのような大きな自然災害が起きるなどとは思ってもいないでしょう。いや、思っているかもしれませんが、それはあまり現実的な問題、切迫している問題とは思われていないでしょう。もちろんそういう態度も必要です。真剣に考え出したらとてもやっていられないということでもあります。

　ですが、今後も日本のどこかで、いやあらゆるところで地震・津波、あるいは火山噴火による災害が起こることは必至です。日本において、ここなら自然災害を受けることはなく絶対安全という地域は残念ながら存在しないからです。だからどこにいようと、自分自身が自然災害を受ける可能性があるということを、心の片隅には置いておかなくてはなりません。

　人はこれまで続いた平穏な日常生活が、今後もそのまま続いていくと思いがちです。そうした中でも、自然は着々と次の自然災害を起こすべく、粛々とエネルギーを蓄えているのです。しかし、その速さは我々人間の活動の速さと比べてあまりに遅い、つまり、大きな自然災害は人の一生の間に1回遭遇するかどうかという程度の頻度でしか起きません。

　寺田寅彦の「災害は忘れたころにやってくる」というとおりです。この言葉は、「災害は繰り返しやってくる」ということをも意味します。しかし、前の災害を記憶している人が亡くなり、また前の災害を体験していてもその記憶が薄まりもしていくので、次の大きな災害は再び、「未曾有」の出来事となってしまいます。実際、過去に甚大な被害があった地域でも、時が経てばまた人々が住むようになっていきます。そこに住んでも、運がよければ被害を受けないうちに一生を終えることができるかもしれません。でもそれは、あくまでも運がよければということでしかありません。同じような被害

を受ける可能性（確率）は年々高くなっていきます。次の災害を受けるか否かは、その人の一生との兼ね合いなのです。

　自然災害を蒙った人がTVでインタビューを受けて、「こんなすごい『雨』は（『　』内は風、揺れなどが入ることもある）初めてだ」と答えている場面をよく見ます。確かにそうなのでしょう。しかしそれは、その地域の長い歴史のなかでは何回も起きていることだけど、個々人の記憶している期間内ではたまたま起きなかったということなのかもしれません。気象庁は「異常気象」を、「30年に1回以下の頻度で発生する現象」としています。人を主体にすれば、30年に1回とは、その人の一生で1回遭遇するかどうかという現象ですから、たしかにそれは「異常」なことといえるでしょう。しかし、仮に100年で1回しか起きないとしても、1万年では100回、1億年では100万回も起きる現象ということになります。人にとって未曾有、あるいは異常という現象も、長い地球の歴史の上ではしばしば繰り返されてきた、ごく当たり前の現象である可能性が高いと思います。

　気象衛星などに代表される観測技術の発達や、気象現象の研究の進展により、台風の進路はかなり正確に予測できるようになってきました。さらにTV・インターネットの普及により、それを瞬時に知ることもできるようになってきました。そして、河川の改修も進んできました。その結果、集中豪雨や竜巻などの狭い範囲で起こる災害をのぞけば、犠牲者が多く出るような気象災害は、1959年の伊勢湾台風を最後に起きていません。被害を軽減できるようになったのは確かでしょう。

　しかし、科学的な自然現象の観測がおこなえるようになってから、まだ百数十年でしかないと捉えることも必要です。たとえば近代的な地震計が開発されてからようやく百数十年です。百数十年間とは、世界でもっとも巨大地震が頻繁に起こる場所の一つである日本の太平洋側においてですら、ある地域で巨大地震が1回起こるか起きないかという期間です。世界全体で見ても、マグニチュード9以上の地震となると、この100年間で6回しか起きていません。我々が持っている観測資料は、自然界で起きてきたことの、ごく一部でしかないのです。

46億年の地球の歴史のなかでの100年は、全体の4600万分の1に過ぎません。人の一生を92年とすると、その4600万分の1はわずか3秒に過ぎません。つまり、ある人を3秒見ただけで、その人のすべてを把握し、その人の一生の過去から未来までも見通すことができるかどうかということになります。これが不可能であることはいうまでもありません。

　我々人類が自然現象・自然災害を科学的に観測できた期間、いやそこまで望まなくても、ともかく文書による記録を残せた期間ですら、長い地球の歴史の上ではきわめて短い期間でしかないこと、つまり自然災害を理解するには我々が蓄積したデータ量は、まだまだ圧倒的に少ないことを自覚するべきなのです。

　だがしかし、これまで書いてきたように大きな制約はあるにせよ、地震・津波の記録、あるいは火山噴火の記録、そしてそれらによる災害の記録はそれでもたくさん残っています。これらの災害は今後も起こりうることばかりです。だから過去に起きた災害の実態をきちんと見ておくことは、今後の対応の際の大きな参考になるでしょう。

　この本は、過去における特徴的な地震・津波・火山噴火を、それによる災害の状況よりも、その災害を起こした地震・津波・火山噴火そのものに重点を置いて解説を試みたものです。

　なお、この本に載せた地震・津波・火山噴火は、おもに『理科年表 平成28年』を参考として、そのなかから規模の大きなもの、犠牲者が多かったもの、あるいは特筆すべき事項のあるものを取り上げたものです。過去の地震・津波・火山噴火のすべてを網羅しているわけではなく、とくに近代のものについては数が多いこともあり、筆者の判断で大幅にカットしています。またこの本では、地震・津波・火山噴火が起きた日時を表すときは新暦での年月日で表記しています。

　地震・津波・火山噴火について、ここまではわかった、でもここはまだわかっていないということがわかっていただけると幸いです。

　2016月7月

山賀 進

科学の目で見る 日本列島の地震・津波・噴火の歴史

◎目 次◎

はじめに ……………………………………………………………… 3

第0章　地震と火山が多い日本の基礎知識 …………………… 7
　1．プレートテクトニクスと日本 ……………………… 8
　2．日本の地震の特徴 …………………………………… 11
　3．海溝で発生する津波 ………………………………… 13
　4．日本の火山の特徴 …………………………………… 15
　5．破局噴火（超巨大噴火）…………………………… 18
　6．地震と火山は恩恵ももたらしている ……………… 23

第1章　416年から1600年 ……………………………………… 27
　（古墳時代〜安土桃山時代）

第2章　1601年から1870年 ……………………………………… 65
　（江戸時代）

第3章　1871年から1950年 ……………………………………… 117
　（明治時代〜第2次世界大戦直後）

第4章　1951年から2000年 ……………………………………… 179
　（昭和時代中期〜平成時代初期）

第5章　2001年から2016年半ば ………………………………… 249
　（21世紀）

参　考 …………………………………………………………… 289
　（1）断層の種類と断層をつくる力 …………………… 290
　（2）火成岩の分類とマグマの分化 …………………… 292

おわりに ……………………………………………………………… 297
参考となる書籍・参考となるおもなサイト …………………… 299
索　引 ………………………………………………………………… 302

第0章

地震と火山が多い日本の基礎知識

1. プレートテクトニクスと日本

　地球の表面は厚さ 70 〜 100km 程度の堅い「プレート」に覆われています。地球上のプレートは 10 以上に分かれていて、プレートの境界は、地震や火山噴火がしばしば起こる場所です。

　日本は 4 つのプレートがひしめき合っているところに位置していて、3 つのプレートが一点で接している場所（三重点、トリプルジャンクション）が、2 ヵ所もあるという大変な場所なのです。このように日本は、地球上でとりわけ地質活動が活発な場所に位置しているために、地震が多いし火山も多い、また地震が多ければ津波も多いということになります。

　こうした日本をさらに細かく見てみると、太平洋プレートが北米プレートの下に潜り込む境界が千島海溝から日本海溝をつくり、太平洋プレートとフィリピン海プレートの境界が伊豆ーマリアナ海溝をつくっています。また、これらの海溝に沿って、その内側（陸側）に地震帯、さらにその内側に火山帯が並んでいます。

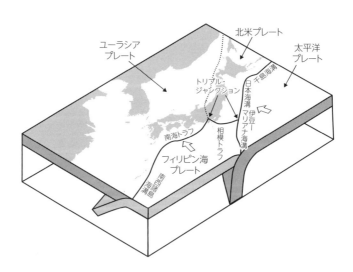

4 つのプレートがせめぎ合う日本列島。
（地震調査研究推進本部の図をもとに作成）

1. プレートテクトニクスと日本

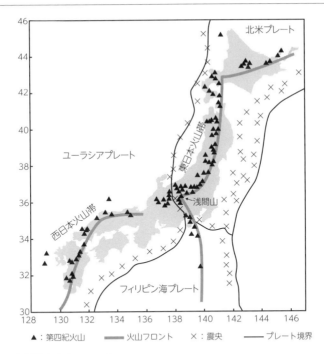

プレート境界と火山フロント。
(日本原子力研究開発機構の図をもとに作成)

　また、フィリピン海プレートがユーラシアプレートの下に潜り込む境界が南海トラフ(海溝ほど深くないが同じもの)であり、南西諸島海溝(琉球海溝)へ続いています。ここでもこのトラフ・海溝に沿って地震帯が存在しています。地震活動は東北地方ほど活発ではありませんが、それでもしばしば巨大地震を発生させています。現在、中国地方での火山活動は盛んではありません。しかし、九州からその南の島々では活発な火山活動が見られます。
　日本における火山の分布は、これ以上海溝側には火山がないという「火山フロント」を明瞭にひくことができ、火山フロントの近くに火山が多く分布し、火山フロントから離れると火山は少なくなります。火山フロントに沿って、日本の火山帯は東日本火山帯と西日本火山帯の二つに分けられます。

北米プレートとユーラシアプレートの境界は明瞭ではありませんが、フォッサマグナ（大地溝帯）から日本海にかけての地震の多発地帯がそれであろうと想像されています。

　海のプレートが潜り込む日本列島は付加体で構成されています。つまり潜り込む海のプレートの上にのっていたものが、アジア大陸の東縁ではぎ取られ、それらが日本列島を形成してきたのです。こうして、日本列島はユーラシア大陸の東縁で、だんだんと太平洋側に成長してきました。

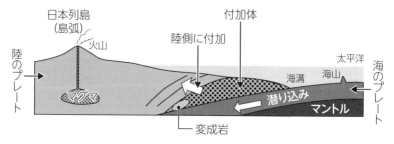

付加体の概念図。
（地質調査総合センターの図をもとに作成）

　また、その原因はよくわかっていませんが、今から1500万年前ころに日本海が拡大を始め（日本列島がアジア大陸から離れ始め）、西日本は時計回りに回りながら南下し、また東日本は反時計回りに回りながら南下しました。その結果、日本列島はユーラシア大陸から離れ（日本海が拡大・形成され）、真ん中（フォッサマグナ）で折れたような形になっています。フォッサマグナでは多くの火山が噴火し、地溝はそれらによって埋められたため、現在は"溝"ではなくなっています。

　その後、フィリピン海プレートが北上することによって、南の島であった伊豆島が日本列島に衝突して伊豆半島となりました。この衝突で押されてできたのが南アルプスと丹沢山塊ということになります。またユーラシアプレート、北米プレート、フィリピン海プレートが交わる三重点に生じた火山が富士山なのです。この三重点にできたこと

が、富士山を巨大な火山にした原因なのかもしれません。

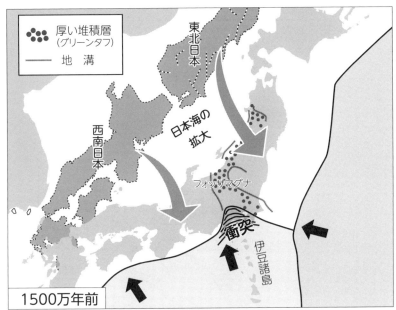

日本海の拡大と日本列島の折れ曲がり。
（地質調査総合センターの図をもとに作成）

2. 日本の地震の特徴

　日本の太平洋側は海のプレートが潜り込む場所です。そこでは、海のプレートが潜り込むときに陸のプレートを引きずり込み、そのためにひずんだ陸のプレートがひずみに耐えきれなくなって跳ね上がることによって地震が生じます。これがいわゆるプレート境界型（海溝型）の地震です。巨大地震（マグニチュード（M）8クラス）・超巨大地震（M9クラス）のほとんどがこのタイプであり、逆断層タイプの地震ということになります。なお、断層と地震のタイプの関係は「参考」の章（290ページから）を参照してください。

　同じ場所で見ると、巨大地震は100年から200年くらいの間隔で起きていて、また場所によっては1000年に1回くらい超巨大地震に

もなるようです。しかし繰り返し起きているということはわかっていますが、明瞭な周期（規則性）は今のところ見つかっていません。

　潜り込む海のプレート（潜り込んでいる部分をスラブといいます）自身がポキッと折れて生じるタイプのものもあります。このタイプには正断層型も逆断層型もあります。

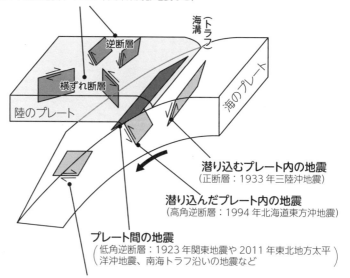

日本で起こる地震の典型的タイプ。
（地震調査研究推進本部の図をもとに作成）

　また海のプレートに押されてひずんだ陸のプレート（の地殻部分）が、地殻内部で断層をつくり地震を起こすこともあります。これが内陸で起こる地震です。この場合は、逆断層や横ずれ断層タイプの地震ということになります。1995年の兵庫県南部地震（M7.3、228ページ）は横ずれ断層タイプでした。内陸で起こる地震の規模は最大でもM7程度ですが（1891年の濃尾地震のようにM8.0という例外もあります）、

人々が住んでいる近くに震源（震央）があることになるので、規模が小さい地震でも大きな被害が出ることがあります。いわゆる「都市直下型地震」がこれです。

なお、マグニチュード（M）は地震の規模を表し、マグニチュードが1大きくなるごとに、エネルギーは約30倍ずつ大きくなります。つまりM5の地震に対して、M6は約30倍、M7は約900倍（1000倍）、M8は約27000倍（3万倍）、M9になると約90万倍（100万倍）にもなります（詳しくは188ページ）。

3. 海溝で発生する津波

震源（震源断層）が海にあった場合、海底の地形がこの断層のずれによって急激に大きく変動することがあります。その変動は海水全体を動かし、それが海面では津波となります。プレートの境界で逆断層ができた場合、すなわち陸側のプレートが跳ね上がった場合、それに

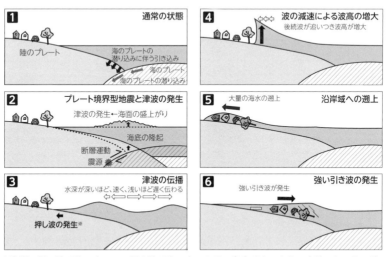

※海岸に押し波が先に来るか、引き波が先に来るかは、海底がどのように変動したかや、震源域と海岸の位置関係によって決まる。

津波の発生と襲来。
（地震調査研究推進本部の図をもとに作成）

よって生ずる津波はそのまま陸に押し寄せるので、まず「押し波」となってくることになります(*)。数は少ないですが、陸側がずれ落ちる正断層の場合は逆に「引き波」から始まることになります。たとえば逆断層型の地震であった2011年3月11日の東北地方太平洋沖地震（M9.0、250ページ）の津波は多くのところでは押し波から始まり、正断層型の地震であった1933年の昭和三陸津波地震（M8.1、156ページ）では引き波から始まりました。

* 　巨大津波の場合は押し波から始まるといっても、大量の海水が津波の高さをつくるので、海岸近くの海水もそこに引き寄せられるために、最初に少し海水が引くこともあります。いずれにせよ、被害が出るような大きな津波は陸を襲う前に、必ず海水が大きく引く（引き波から始まる）というのは誤解で危険な思い込みです。海岸近くで強い揺れや大きな揺れ、あるいはゆったりとした揺れを感じたら、大きな津波がやってくる可能性があるということを考えて、まず高台を目指して逃げるということが原則です。

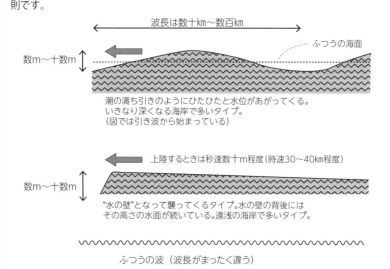

津波は、波高に比べて波長が大変に長い波なのです。巨大地震によって生じた津波でも、波高はせいぜい数mしかありません。一方波長は数十〜数百kmにも達します。波長が長いので周期も長くなり、数十分の周期になることもあります。だから遠洋で船に乗っているときに津波に遭遇しても、津波とはわからないでしょう。ところが津

波の進む速さは海が浅いほど遅いので、陸に近づく津波は前がつかえる形になり、波高が一気に高まります。こうして防潮堤を越えた津波は、濁流のように内陸に向かいます。そして防潮堤の背後は平らな水面になっていることが多いのです。波長が長いのでそのように見えるのです。津波の周期の長さだけ押し波・引き波の状態が続くことになります。だから大津波は、数十分押しの状態が続き、その後数十分引きの状態が続き、これが何回も繰り返されます。津波は非常にゆっくりとした波なのです。

高くなった海面が堤防を乗り越える。高くなった海面がずっと続いているように見える。宮古湾を襲った津波（2011年東北地方太平洋沖地震）。
（Rex Features/PPS 通信社）

4. 日本の火山の特徴

　日本は海のプレートが潜り込む場所です。冷たい海のプレートの潜り込む場所で、なぜマグマは発生するのか、これはかつては大問題でした。しかし現在は、中央海嶺（海洋底の拡大をもたらす大規模な海底山脈）で生成された海のプレートが、海溝にたどり着くまでの間に（最大で2億年くらいかかる）、プレートを作っている岩石（鉱物）が（海）水を含むようになり、その水がプレートの潜り込みによって岩石（鉱物）から絞り出されると、岩石が融け始める温度が劇的に下がるためだということがわかってきました。水は鉱物の結晶の分子の結びつきを断ち切り、分子を小さくします（次ページ図のようにSi-O-Siの結びつきがSi-OHとHO-Siに分けられます）。分子は小さいほど融けやすいという性質があります。こうして水は、岩石を構成している鉱

物の融け始める温度を劇的に下げる役割を果たすのです。

そのため冷たいプレートが潜り込む海溝でも、マントル成分のうち融けやすい成分だけが融けて（部分溶融して）、かんらん岩質のマントルから、かんらん岩質ではない玄武岩質マグマが発生します。その深さは百数十mから200km程度だと考えられています。液体のマグマは固体のマントルの中を浮力で上昇します。固体の中を液体が上昇するのはイメージしにくいかもしれませんが、液体の中を気体（泡）が上昇するのと同じです。

マグマが上昇してモホロビチッチ不連続面（地殻とマントルの境界）にまで達すると、そこから上の岩石の密度は急に小さくなるために、マグマはいったんここで停滞してマグマだまりをつくります。

停滞している間、マグマだまりは高熱のために近くの岩石を融かし、もともとの玄武岩質マグマと混ざってマグマの組成は変わり、安山岩

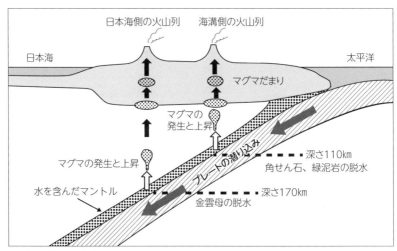

マグマの発生と火山。

岩石が融け始める温度を下げる水のはたらき。

質（〜デイサイト質マグマ）のものになっていきます。そしてその間に、重い鉱物を析出・沈殿した残りのマグマ（残液）の密度は小さくなって、再び浮力により上昇を開始します。そして、まわりの岩石の密度が小さくなったところでまたマグマだまりをつくるのです。その深さは数kmから十数kmといわれています。なお、玄武岩質マグマとか安山岩質マグマなどについては292ページ以降を参照してください。

そのため、日本のようなプレートの潜り込み帯、すなわち海溝の縁に沿った火山帯の火山は安山岩質の溶岩を噴出することが多いことになります。日本の桜島や浅間山は、安山岩質のマグマが作った典型的

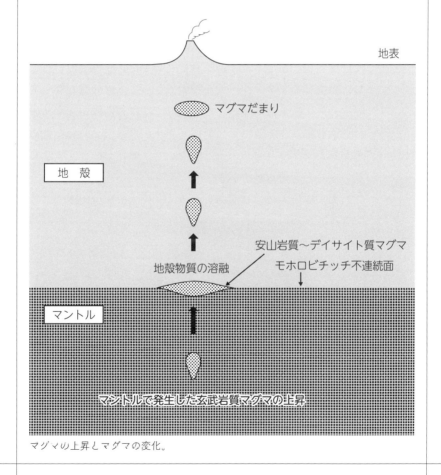

マグマの上昇とマグマの変化。

な火山です。日本と同じように海溝に沿った火山帯が存在する南米アンデス山脈の火山もそうなのです。そもそも、安山岩、すなわちアンデサイトはアンデス山脈がその名の由来です。

5. 破局噴火（超巨大噴火）

　日本には巨大な凹地、カルデラを形成している火山が多く存在します。カルデラは火山の破局噴火（超巨大噴火）によってつくられる地形です。その破壊力は計り知れないほど大きなものになります。破局噴火は火山の地下にある巨大なマグマだまりから、きわめて大量のマグマが一気に噴出する噴火です。そのメカニズムはまだよくわかっていませんが、マグマに溶け込んでいる火山ガスが、何らかのきっかけでいっせいに発泡し、その圧力でマグマだまりの上の岩石を吹き飛ばし、発泡したマグマが巨大な噴煙、さらには火砕流となって火口からいっせいに噴き出てくる、その火砕流には方向性がなくあらゆる方向にあふれ出る、そして、大量のマグマが噴き出ていったために圧力の下がったマグマだまりの上は陥没して、鍋状の凹地、すなわちカルデラとなると考えられています。

　この火砕流とは、高温の火山ガス、火山灰・火山礫、さらには爆発

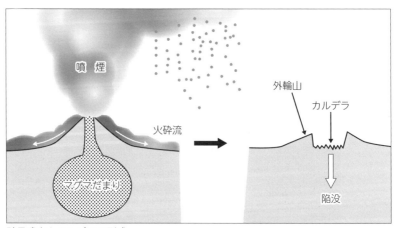

破局噴火とカルデラの形成。

5. 破局噴火（超巨大噴火）

で砕かれた火口周辺の岩石が渾然一体となって山腹を駆け下るものです。イメージとしては、噴煙が立ち上らずにそのまま山腹を這い降りるという感じでしょうか。ときにはその速さは秒速100mを超え、比高数百mの程度の高さなら簡単に乗り越えてしまうこともあります。だから、火砕流が押し寄せてくる場所にいたら、どんな生物でもひとたまりもありません。火山灰・火山礫などとも一体となって高速でやってくる高温の火山ガス、それも有毒ガスをも含んだ火山ガスの衝撃を受けることになるからです。

1991年の雲仙普賢岳（217ページ）で発生した火砕流は、ある狭い向きにしか流れ出さなかったし、流れ出た火砕流の量も破局噴火と比べればきわめて少ないものでした。それでもあれだけの被害・犠牲者が出てしまったことを考えると（6月3日に犠牲者43人）、破局噴火の場合はその影響はすさまじいものになることがわかります。

たとえば、今から約2万9000年前、今の鹿児島湾（錦江湾）の最奥部にあった始良火山がそのような噴火をしました。鹿児島湾の一番奥は南北23km、東西24kmのほぼ円形をしています。この部分がカ

山を駆け下る火砕流（1991年雲仙普賢岳の噴火）。
これでも火砕流としては小規模なもの。
（提供：島原市）

ルデラです。一番深いところは200m以上もあります。現在の桜島は姶良火山の側火山であり、外輪山に開いた噴火口が成長したもので、かつての姶良火山よりははるかに小さなものになっています。

現在の桜島。陸域観測技術衛星だいち（JAXA）のデータをもとに、カシミール3Dで作成。

　2万9000年前の破局噴火では何回かに渡って火砕流があふれ出ています。最大の入戸（いと）火砕流は、南九州全体を埋め尽くし（姶良火山を中心に半径70km〜100km程度を埋め尽くし）、その火砕流堆積物は現在でも最大で100mに達する厚さを持つシラス台地となって残っています。入戸火砕流だけでも体積は2000億m^3、他の火砕流と合わせた全体では4000億m^3にもなります。これは桜島の近年における最大の噴火（1914年、134ページ）のときに流出した溶岩と噴出物の総量20億m^3の200倍もの量です。この噴火のエネルギーは10^{20}J（ジュール）といわれています。これは、日本付近の火山が1年間で放出する平均エネルギーの1000倍以上、マグニチュード9（2011年3月11日の東北地方太平洋沖地震程度）の地震のエネルギーの100倍、1923年の関東地震の10万倍というとてつもない大きさです。

　この時代の南九州にヒト（人類）が住んでいたかはわかりませんが、もしいたとしたらこの噴火で全滅してしまったことでしょう。もちろんヒトだけではなく、当時の南九州の生物は全滅、しばらくは火砕流堆積物に覆われた荒涼とした光景になっていたでしょう。

南九州ばかりではありません。遠く離れた京都でも降り積もった火山灰の厚さは 50cm、東京でも 10cm もありました。1707 年の富士山宝永噴火（82 ページ）では、東京（江戸）の火山灰はせいぜい数 cm です。それでも火山灰が降っているときは真っ暗になったといいます。これだけの噴火となると、おそらくは地球全体の気候にも影響を与えたことでしょう。

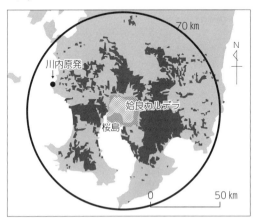

濃いグレーの部分が現在のシラス台地（2 万 9000 年前の火砕流が堆積したところ）。黒い円は桜島を中心に半径 70km。桜島が破局噴火したら？
（「みんなの桜島」ウェブサイトの図をもとに作成）

　カルデラがあるということは、かつてはすべてこうした破局噴火した火山だということです。たとえば、「世界最大のカルデラ」(*)ともいわれる阿蘇（25km × 18km）は過去に何回かこうした破局噴火を起こし、最後の 9 万年前の破局噴火により今日の形になりました。そのときの噴出物の総量は 6000 億 m³（始良火山の 1.5 倍）、火砕流は海を渡り山口県にまで達しています。九州には他にもいくつかのカルデラがあり、その一つ、7300 年前の喜界カルデラの噴火が、これまでのところ日本最新の破局噴火です。このときの火砕流も海を渡り九州にまで達しています。幸いこれ以降の破局噴火は今のところ起きていません。
　関東にもいくつかのカルデラ火山があります。2015 年に活動が活

第 0 章　地震と火山が多い日本の基礎知識

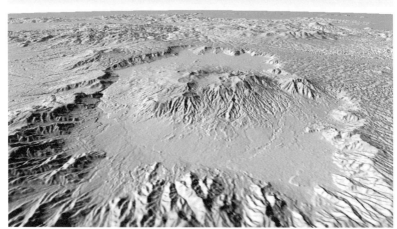

現在の阿蘇。陸域観測技術衛星だいち（JAXA）のデータをもとに、カシミール3Dで作成。

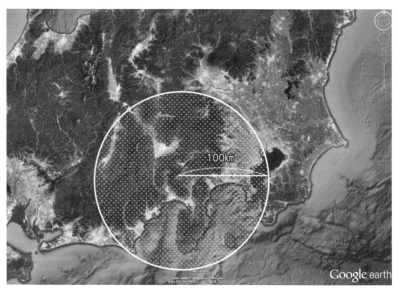

富士山から100km。富士山が破局噴火を起こしたら、この範囲は全滅？　©Google

発になり、ごく小規模な噴火を起こした箱根もカルデラです。約26万年前に破局噴火で大きなカルデラができ、その後できたカルデラ内の小火山が5万2000年前にまた破局噴火を起こし（このときの火砕流は東は横浜にまで達しています）、それにより陥没して再びカルデラをつくりました。さらにそのカルデラ内で何回かの噴火が起きて、現在の箱根駒ヶ岳、神山、二子山などの溶岩ドームをつくりました。

　富士山はまだ破局噴火を起こしていません。でも、今後も破局噴火を起こさないという保証はもちろんありません。もし2万9000年前の始良火山の破局噴火の規模に匹敵する噴火を起こしたら、考えることすら恐ろしい事態になります。

　破局噴火は一つの火山では、その火山の一生の間に一回か、多くてもせいぜい数回起こす程度であり、間隔も数万年の間を開けるのがふつうです。日本全体で見ても、破局噴火は数千年〜数万年間に1回程度しか起きていません。上に書いたように、最新の破局噴火でも7300年前です。つまり、我々はまだ大規模な破局噴火を経験していません。これは運がいいともいえるし、でも、もう次の破局噴火は近いともいえます。我々は、まだ破局噴火をきちんと観測できていないので、その実態はまったくわからないというのが正直なところでしょう。

*　世界最大のカルデラはインドネシアのトバ火山（トバ湖）で、100km × 30kmもあります。阿蘇ほどきれいな形をしていませんが屈斜路カルデラは26km × 20kmあり、これが日本最大のカルデラです。

6. 地震と火山は恩恵ももたらしている

　だれでも地震・津波は怖い、火山の噴火にも遭遇したくないと思っているでしょう。たしかに日本はそれほど広い国ではないのに、世界で起きている地震の1割以上が（付近も含めて）起きているという大変な地震国です。また日本は同時に火山国でもあり、世界の活火山の約1割がこの狭い日本にあります。プレートテクトニクスの観点

で日本を見ると、これらは必然のことでもあります。だから、日本に住み続ける以上は大きな地震・津波、あるいは火山噴火を体験する可能性があるということになります。

だがしかし、一歩引いてみると、じつは我々は地震や火山の恩恵も受けているのです。火山の場合はイメージしやすいと思います。直接的には温泉、あるいは風光明媚な地形などは火山がもたらしたものであることが多いのです。また、浅間山や八ヶ岳山麓などの高原野菜も火山灰地の特長を生かしたものです。火山灰がつくった土地は、長い時間の後には豊かな農地になります。日本にはそのような土地が多くあります。さらに、今後日本が資源大国になる可能性を秘めた、深海の熱水噴出孔（熱水鉱床）も、広い意味での火山活動のたまものといえます。小笠原西方にある西之島の噴火は、日本の土地そのものが増えているその現場でもあります。

地震の方は火山ほど直接的なものはないかもしれません。でも、太平洋側の地震は、日本列島が太平洋側に成長している証でもあるのです。つまり、太平洋プレートや、フィリピン海プレートが運んできた深海堆積物、火山島、さらに海洋地殻が、北米プレート、ユーラシアプレートによってはぎ取られ日本に付加している、つまり日本列島が成長しているその衝撃が地震であると考えることができます。

エジプトがナイル川の賜物であるなら、日本はプレートの潜り込みの賜物、すなわち地震や火山の賜物ということになるかもしれません。

大昔、日本に住み着いた人々は、地震・火山と闘いながら、あるいはその特性を生かしながら、今日の日本をつくってきたのです。日本は先進国の中ではまれに見る森林国で、国土の66％が森林です。しかもその40％が人工林です。自然豊かな土地を守り育てた先人達の努力の結果を、未来へと引き継いでいく必要があると思います。

以下、こうした観点をも含めて、過去の地震・津波災害・火山災害と、その原因となった地震・津波・火山噴火を見ていくことにします。

なお、「はじめに」でも触れていますが、この本では地震・火山の

データはおもに『理科年表 平成28年』に従っています。取り上げた地震や火山噴火は、『理科年表』に載っているものすべてではありません。記録があまり残っていない古い時代のものはなるべく多くを、そして現代に近いものについては、特徴のあるものを優先して取り上げるようにしています。

　また第5章に続く「参考」の章で、地震（断層）とマグマ（火成岩、火山など）の基本的なことを説明しています。適宜参照してください。

第1章

416年から1600年
（古墳時代〜安土桃山時代）

第 1 章　416年から1600年（古墳時代～安土桃山時代）

416年　遠飛鳥宮付近（明日香村）で地震

　日本の記録の中で一番古いものは、日本書紀に記された西暦416年に起きた地震です。たんに遠飛鳥宮付近で地震が起きたという記録だけで、被害の記述はありません。なお、昔の人は地震のことを「なゐふる」とも、「なゐ」ともいっていました。「な」は土地のこと、「ゐ」は「居（るところ）」であり、「なゐ」で土地を表す古語になります。その「なゐ」が「震える」、すなわち「なゐふる」だと地震ということになります。たんに「なゐ」だけで地震のことを指すこともあります。日本地震学会の広報誌の名が「なゐふる」なのは、こうしたことによっているのです。

553年　阿蘇山の噴火

　一方火山噴火の一番古い記述は阿蘇山の553年です。ただ本当に553年かどうかは微妙なところもあります。この辺の年代で噴火があったということでしょう。阿蘇の噴火記録はこれ以後すべて、中岳からの噴火（噴煙を上げ、噴石を飛ばし、火山灰を降らせるストロンボリ式噴火）であり、溶岩が流出した記録はありません。

599年　大和地方で地震　M7.0

　被害の記述がはっきりする地震は、最古の記録よりも180年以上もあと（この間の地震の記録はありません）、599年に大和地方を揺らしたマグニチュード（以後Mと書きます）7.0という地震で、建物の倒壊の報告があります。M7クラスの地震は内陸では最大クラスの地震なので、当然人的被害も出ていると思われますがその記述はありません。
　なお、地震計ができる前の震央の位置やマグニチュードは、揺れの報告や被害の状況から推定するしかないので、それほど信頼できるも

のではありません。

630年 焼岳噴火

645年 大化の改新。

679年 筑紫で地震　M6.5〜7.5　地割れあり。

684年
土佐、東海、南海、西海で地震（白鳳地震）M≒8 1/4　最初の巨大地震記録。

　土佐（高知）を中心に、東海（静岡、愛知、三重）から南海（和歌山から四国の太平洋側）、西海（九州の太平洋側）までを揺らしたこの地震は、M8 1/4と推定されています。これが記録に残る最初の巨大地震となります。被害の地域から、南海トラフで起きたものだと考えられます。翌年（685年）に焼岳（北アルプス）、浅間山が噴火していますが、この地震との関連はないでしょう。

　相模トラフから南海トラフで起こる地震については、ある程度の周期性・規則性があるようですが、これについては81ページや175ページで改めて述べることにします。

685年 焼岳噴火
　　　　浅間山噴火

708年〜15年 鳥海山噴火

710年 平城京に遷都（奈良時代始まる）。

715年 遠江（静岡県西部）で地震　M6.5 〜 7.5
山崩れを起こした地震。

遠江（静岡県西部、北緯35.1°、東経137.8°）で起きたこの地震は、天竜川で山崩れを起こし、天竜川をせき止めて水をためたという地震です。この自然にできたダム湖は数十日後に決壊し、下流を水没させています。民家の被害状況は残っていますが、たぶんあったであろう人的被害の報告はありません。日本では、地震、あるいは火山噴火に伴い川がせき止められ、のちにそれが決壊して下流に大洪水を引き起こす災害は、この後も何回も起きています。その中で1783年の浅間山の噴火（91ページ）、1847年の善光寺地震（102ページ）の例についてはそれぞれの項目を参照してください。

742年　霧島山噴火

745年　美濃で地震　M≒7.9

762年　美濃・飛騨・信濃で地震　為政者による救済措置。

764年　桜島噴火　鍋山形成、溶岩流出。

773年　蔵王噴火

781年　富士山噴火

788年　霧島山（高千穂お鉢）噴火

794年　平安京に遷都（平安時代始まる）。

800年〜02年　富士山噴火（延暦の噴火）　東海道閉鎖。

延暦の噴火は、富士山の東斜面（西小富士）と北斜面（天神山−伊賀殿山）の割れ目噴火だったらしく、頂上火口からの噴火はたぶんな

かったと思われています。噴火の規模もかつて考えられていたほど大きなものではなかったらしいこともわかってきました。

古文書（『日本紀略』）では、噴火時の爆発音も報告され、また火映（火口上空の雲や噴煙が、火口内の赤熱した溶岩の明かりで赤く映える現象）も見られたようです（『日本後紀』）。この噴火では火山灰・火山礫が大量に放出され、昼でも暗くなるほどだったといわれています。またこの噴火で火山灰が大量に降り積もったため、東海道の足柄路が使えなくなったとも伝わっています。しかし、この噴火よる分厚い火山灰の層も見つかってはいません。また北側に溶岩が流れて被害も出たらしいともいわれていますが、これもはっきりとはしていません。ようするに古い時代の噴火で、また都（京都）からも離れた地なので、記録が断片的で全体像が掴みにくい噴火です。

足柄路と箱根路。　　　　　　　　　　　　　　　©Google

ともかく、この噴火による降灰のために一時閉鎖された足柄路に代わり、関東に通じる街道として新たに箱根路（現在の国道1号沿いの旧街道）が切り拓かれることになりました。足柄路は矢倉沢往還ともいわれ、金太郎伝説のある足柄峠を超えて御殿場に抜けるルートです。

この御殿場側が火山灰に埋まってしまったのです。足柄路は翌年には復旧しますが、急坂ではあるが距離の短い箱根路の方がメインルートとなり、足柄路はサブルートとなってしまいました。

万葉の時代から富士山の噴煙のことは詠まれているので、山頂からの噴火はなくても、噴気活動はそれまでもあったようです。髙橋虫麻呂の長歌には「……富士の高嶺は天雲もい行きはばかり飛ぶ鳥も飛びものぼらず燃ゆる火を雪もち消ち降る雪を火もち消ちつつ……」とあり、明らかに山頂での活動の様子だと思われます。ただ、残念ながら虫麻呂自身の生没年が不明なので、正確な年代はよくわかりません。

806年 磐梯山噴火

810年~23年 鳥海山噴火

818年 関東で地震　M7.5以上

822年 伊豆大島噴火

826年 富士山噴火

830年 出羽で地震　M7.0～7.5　犠牲者15人。鳥海山噴火

832年 三宅島噴火

838年~86年 伊豆大島噴火

838年 神津島噴火　天上山形成。

850年 出羽で地震　M7.0～7.5　犠牲者多数。

863年 越中・越後で地震　民家破壊多く圧死多数。

864年～66年 富士山噴火（貞観の噴火） 富士山最大の噴火記録。

　記録に残る中では宝永の噴火と並ぶ、富士山の最大クラスの噴火です。延暦の噴火と同じく山頂からの噴火ではなく、西北斜面にいくつもの噴火口（側火山）が開き、そこから大量の溶岩が流れ出たというタイプの噴火です。このときの最大噴火口が火砕丘の長尾山であり、このときの溶岩流を長尾丸尾（"丸尾"はこの地域で比較的新しい溶岩流を指す言葉）といいます。噴火口全体では、「下り山火口」と「石塚火口」をむすぶ火口列と、「長尾山」と「氷穴火口列」をむすぶ2つの火口列が開き、2つの火口列をあわせた火口列の全体の長さは約5700mにも達します。

　このころ、富士山の北側には"せの海（剗の海）"と呼ばれていた大きな湖がありました。貞観の噴火で流れ出た溶岩はまず本栖湖に向かい、さらにせの海に向かい、河口湖にも向かいました。せの海はこの溶岩流でほとんど埋まってしまいましたが、かろうじて残ったのが

富士山の北斜面。陸域観測技術衛星だいち（JAXA）のデータをもとに、カシミール3Dで作成。

第 1 章　416年から1600年（古墳時代〜安土桃山時代）

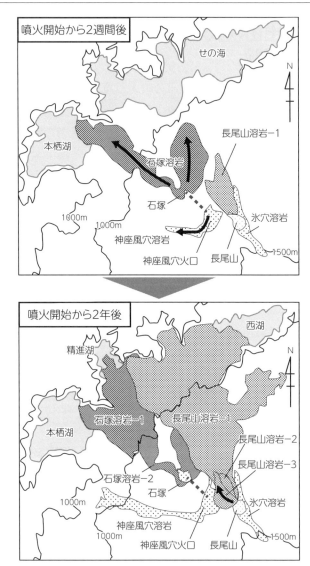

貞観の噴火による溶岩流。
（静岡大学防災総合センターの図をもとに作成）

現在の西湖と精進湖です。このときの溶岩は3000ヘクタール（東京ドームの640倍）を覆い、厚さは10mを超え（せの海を埋めたところでは135m）、体積は7.9億m³（東京ドーム640杯分）にもなるほどの大

量なものでした。

　西湖と精進湖の間（標高963m地点）で2004年におこなわれたボーリング調査（特殊な機器を用いて地中に穴を掘り、地質などを調べる調査）では、この部分の溶岩の厚さは135mに達し、地表から69mの深さ（標高894m）までは陸上で固まったもの、それから下の66m（標高828m）は水中で固まったものということがわかりました。こうしたことから、せの海は東西8km、深さ70mくらいの大きな湖であったことがはっきりとしてきました。

　せの海を埋めた溶岩流はがさがさの状態で冷え固まったために隙間が多く、西湖と精進湖の間、さらには本栖湖とも地下で連絡しているともいわれていますが（繋がっているとしてもトンネルのような水路があるわけではなく、隙間をしみ通る感じでつながっているらしい）、これもはっきりとはしていません。

　長尾丸尾は、富士山の溶岩の中でも流れやすい部類に属する玄武岩質（二酸化ケイ素含有量（重量）が比較的少なく49～52％程度）のものです。流れやすい溶岩といっても、流れ出した溶岩の量が膨大だったため、上に書いたように厚さは10mを超え、せの海を埋めたところでは135mにもなっています。

　この溶岩流の上はその後の長い年月の間に草木が覆い茂って、現在は青木ヶ原樹海と呼ばれている、山の手線内の面積ほどもある広大な森林となっています。国の特別保護地域なので遊歩道（林道）以外は許可なく立ち入りはできませんが、樹海の中には溶岩流の跡や、溶岩トンネル[*]などが存在しています。溶岩流には流れやすい溶岩が固まるときによくつくる縄状溶岩（次ページ写真）という構造も見られます。はじめは剥き出しだった溶岩（岩石）も、やがて地衣類・コケが覆い、草・低木が育ち、さらには現在のようにツガやヒノキを主体とする森林に移行してきたのです。これには数百年の年月が必要だったと思われています。

第1章　416年から1600年（古墳時代〜安土桃山時代）

縄状溶岩（エチオピアのエルタ・アレ火山）。

　なお、樹海では方位磁針が狂うために、中に入ると方位がわからなくなるという都市伝説がありますが、溶岩にそれほど強い磁力あるわけではありません。ただ、不用意に林道から外れると、木々や地形の凹凸のために見通しが悪く、またごつごつした溶岩が剥き出しになっている足場の悪いところもあり、安全でないことは確かでしょう。

　この噴火のおよそ10年後、875年に都良香（834年〜879年、平安時代の役人・学者）が富士山の登頂をしていると伝わっています。彼が記録した富士山記には、頂上には平らだが中央部には甑（底に穴があいた瓶・深い土鍋）のような凹地があり池になっているとか、その瓶の底の煮えたぎる青い熱湯から蒸気が上がっているとか、その蒸気を遠くから見ると煙火（噴煙）に見えるとか、さらに火口内に現在も残る虎岩らしき描写もあります。いまから考えてもだいたい正確な記

864年　富士山噴火（貞観の噴火）

富士山の火口に突き出た巨岩（虎岩）は今でも残っている。左後ろは日本最高所の剣ヶ峰（3776m）。

述なので、本人が登ったことは、あるいは彼自身は登っていないとしても登った人に直接取材しているのはほぼ確実でしょう。つまり、この時代にはすでに登られていたことは確かだということになります。

　また虎岩が現在も残っていることは、875年以降に火口周辺の岩石を吹き飛ばすような、頂上火口からの爆発的な噴火は起きていないことも示しています。富士山はもう2000年以上頂上から噴火していないようです。

＊　溶岩トンネル（溶岩洞窟）
　溶岩は地表に出ると、外気に触れる表面はすぐに冷えて固まります。しかし、岩石は熱を非常に伝えにくいので、中はなかなか冷えず液体の溶岩の状態のままです。そこで、いったん固まった表面を突き破って、中の溶岩が再び流れ出すことがあります。流れ出したあとは空洞になります。これが溶岩トンネル（溶岩洞窟）です。溶岩の流出が止まらないと、あとから流れ出てくる溶岩が、この溶岩トンネル内を流れることもあります。
　溶岩トンネルは流れやすい玄武岩の溶岩でできやすく、青木丸尾も玄武岩質の溶岩なので、樹海にはたくさんの溶岩トンネルがあります。なかには風穴、氷穴、蝙蝠洞

窟など、いくつかの観光用に整備された溶岩トンネルもあります。

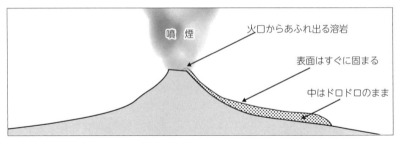

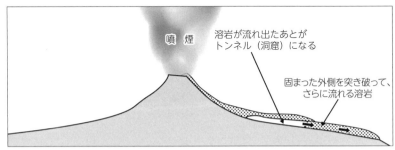

溶岩トンネルのでき方。

864年　阿蘇山噴火

867年　阿蘇山噴火

868年　播磨・山城で地震　M7以上　山崎断層？

869年
三陸で地震（貞観の三陸沖地震）M8.3（Mw8.4）(*)
2011年の東北地方太平洋沖に匹敵？

　2011年3月11日発生した東北地方太平洋沖地震（東日本大震災）以後、急に注目されるようになった地震です。マグニチュードはもっと大きかった可能性があります。古い時代の地震なので、具体的な震源の様子はわかりません。でも、陸奥（福島・宮城・岩手・青森）では、人が立っていられないほどの大きな揺れがあり、多賀城(*)を含む多

くの建物が倒壊したという記録が残っています。その記録ではまた、地震に伴う発光現象も報告されています。そして、地震の後に襲ってきた津波が内陸奥深くにまで侵入し、田畑や財産を押し流し、また大勢の人（1000人以上）が溺死したといわれています。

　津波が内陸のどこまで侵入したかの最近の調査では、たしかに貞観の津波はかなり内陸深くまで押し寄せてきたということが、津波堆積物によって明らかになってきました。津波堆積物とは、津波が運んできた海の砂などが堆積したものです。たとえば、陸生の植物化石を含む泥の層の間に、海生の生物（アサリなど）の化石を含む砂が挟まっていれば、この砂の層は津波が運んできたものだということがわかります。またその位置を調べることによって内陸のどこまで侵入したのかがわかります。こうした津波堆積物の調査から、このときの津波がかなり内陸奥深くにまで浸入したことがわかりました。

　このようにして調べ上げていった被害状況が、東日本大震災によく似ているので、この地震もプレート境界型の地震で、東北地方太平洋沖地震はこの地震の再来ではないかと考えられるようになってきまし

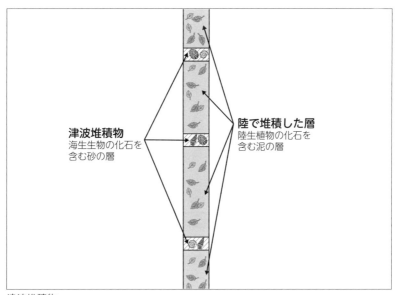

津波堆積物。

た。これが正しいとすると、東方地方の超巨大地震は約1000年の間隔をあけて、今後も起こる可能性があるということになります。

なお、この地域でこのような大津波を伴う巨大地震が起こる可能性については、産総研の研究グループが、2011年以前に明らかにしていて（2004年以降）、2010年には国に対しても報告書を出しているのに、その警告が生かされなかったのは残念なことでした。

* M_w はモーメントマグニチュードといいます。ふつうのマグニチュードが最大振幅から決めるのに対し、モーメントマグニチュードは地震を起こした力などから決めるので、大地震の規模を表すのには、こちらの方が適しているといわれています。ただし、この貞観地震の M_w は津波堆積物の分布から求めた値です（188ページ）。

* 多賀城
現在の宮城県多賀城市にあった大和政権の対蝦夷の前線基地（軍事拠点）。742年に築かれ、何回か建て直されて（貞観地震で倒壊後も再建されています）、10世紀半ばまで存続しました。城といっても天守があるような近代的なものではなく、柵で囲われた砦です。

871年 鳥海山噴火

878年 関東で地震　M7.4　犠牲者多数。

880年 出雲で地震　M≒7.0

886年~87年 新島噴火

887年 五畿・七道で地震（仁和地震）　M8.0～8.5
東海地方から中国地方を襲った巨大地震。

東海地方から中国地方までに大きな被害が出ていますが、とくに摂津（大阪）での津波被害が大きかったようです。『理科年表』が推定している震央は、次の図のように紀伊半島の南西の四国沖です。こう

887年　五畿・七道で地震（仁和地震）M8.0〜8.5

したことからこの地震は、震源域が南海トラフの東海、東南海、南海にまたがる巨大地震であろうと考えられています。余震も長く続いたといわれています。

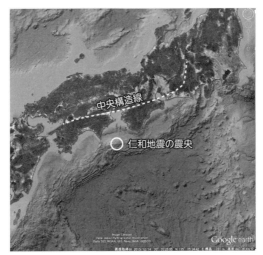

仁和地震の震央。　　　　　　　©Google

　京都など畿内では長時間続く揺れで、倒壊する建物も多かったそうです。また、愛知県や静岡県では液状化の跡も見つかっています。ところが不思議なことに、土佐（高知）では顕著な被害の記録がありません（記録がないということは被害がなかったという証拠にはなりません）。さらに、静岡での津波の記録も、それほどの大津波の様相を呈していません。

　また、この地震の被害についてはさらに、（北）八ヶ岳がこの地震の震動で一部崩壊して、その土砂が千曲川をせき止めて巨大なダム湖をつくったとも伝わっています。そしてこの自然のダムは約300日後に決壊して下流を水浸しにしたといいます。こうした被害全体の様子から、この地震は南海トラフで発生した巨大地震ではなく、内陸の中央構造線（構造線とは大断層のこと）が動いた地震という説もあります。

　もしこの地震が南海トラフ沿いの巨大地震だとすると、684年以来

の約200年ぶりの巨大地震ということになります。なお、次の南海トラフ沿いの巨大地震は約200年後の1096年です（176ページ）。

　この地震の18年前（869年）には、上に書いた貞観の地震が起きていて、また、9年前（878年）には関東をM7.4の地震（相模トラフの地震？）が襲い多数の犠牲者を出しています。後者の地震については、この地震と連動したのではないかという説もあります。

887年	新潟焼山噴火
937年	富士山噴火
938年	京都・紀伊で地震　M≒7.0　犠牲者4人。
939年	鳥海山噴火
976年	山城・近江で地震　M6.7以上、犠牲者50人以上。
989年	新潟焼山噴火
999年	富士山噴火
1033年	富士山噴火
1085年	三宅島噴火

1096年　畿内・東海道で地震（永長地震）M8.0〜8.5

　東大寺の大きな釣り鐘が落下したり、京都の諸寺が破損したり、近江の橋が多数落ちたりと、畿内では揺れによる被害が大きかった地震です。一方、津波は伊勢・駿河（駿河では揺れも強かった）を襲っています。津波の状況から、東海・東南海を震源域とする、プレート境界型の巨大地震と考えられていますが、『理科年表』には震央の推定位置が載っていないので、詳しいことはわかりません。

1099年 南海道・畿内で地震（康和地震） M8.0～8.3

　興福寺（奈良）・摂津天王寺（大阪）で被害がありました。津波は土佐（高知）で大きく、広い面積の田が津波被害に遭っています。『理科年表』ではこの地震に対しても、震央の推定位置を出していませんが、こうした被害状況から1096年の地震では動かなかった南海トラフの西側を震源域とするプレート境界型の巨大地震と考えられます。そうすると、1096年、1099年と隣接する地域で、立て続けに巨大地震が起きたことになります。南海トラフの巨大地震の起き方については176ページ参照。

1108年　浅間山噴火

1112年　霧島山噴火

1128年　浅間山噴火

1154年　三宅島噴火

1167年　霧島山噴火

1183年　蔵王山噴火
　　　　　伊豆大島噴火

1192年　鎌倉時代始まる。

1227年　蔵王山噴火

1230年　蔵王山噴火

1235年　霧島山噴火（高千穂お鉢）

1239年 ~40年	阿蘇山噴火
1241年	鎌倉で地震　M≒7.0　津波あり。
1245年	伊豆大島噴火
1257年	関東南部　M7.0〜7.5
1265年	阿蘇山噴火
1269年	阿蘇山噴火
1270年	焼岳噴火
1271年 ~74年	阿蘇山噴火
1281年	阿蘇山噴火
1286年	阿蘇山噴火

1293年　相模トラフで地震（永仁地震、鎌倉大地震）M≒7.0

　鎌倉の建長寺のほとんどが炎上し、他の寺院の被害も多く、犠牲者数千とも2万3000人ともいわれていますが、よくわかっていません。いわゆる「直下型」だったために、人的被害が大きかったと思われます。政府の地震調査研究推進本部は、この地震を国府津－松田断層の活動（フィリピン海プレートの潜り込みに位置する断層）としています（2014年）。そうだとすると、相模トラフ沿いの大地震かつ直下型ということになります。

　なお、この地震の36年前の1257年にも「鎌倉の社寺完きものなく」という大地震（M7.0〜7.5）があり、これも相模湾を震源とする

1293年　相模トラフで地震（永仁地震、鎌倉大地震）M≒7.0

海溝型地震らしいので、同じタイプの地震がかなり短い間隔で起きたことになります。

国府津－松田断層。
（地震調査研究推進本部の図をもとに作成）
©Google

1305年	阿蘇山噴火
1307年	伊豆大島噴火
1331年	吾妻山噴火 紀伊で地震　M7.0以上　土地の隆起あり。
1331年 ~33年	阿蘇山噴火
1335年	阿蘇山噴火
1336年	室町時代始まる。
1338年	伊豆大島噴火

| 1343年 | 阿蘇山噴火 |
| 1360年 | 紀伊・摂津　M7.5〜8.0　津波あり。犠牲者多数。 |

**1361年　畿内・土佐・阿波で地震（正平地震）
M8 1/4〜8.5　南海トラフの大地震。**

　摂津（大阪）での揺れの被害が大きく、奈良、熊野での被害も大きく、また津波が摂津・阿波・土佐を襲っています。津波被害は阿波で大きくなっています。『理科年表』では震央位置として、887年の地震と同じ位置を推定しています。震央位置と津波の状況から判断すると、南海トラフの西側を震源域とした巨大地震のようです。なお、この時期に南海トラフの東側を震源域とする（巨）大地震は、地震の記録がないので起きていないようです（記録が見つかっていないだけかもしれません）。難波津（大阪湾の港）を襲った津波は大きな引き波から始まったということなので、プレートがポキッと折れた正断層型の地震だったのかもしれません。圧死5人、津波による溺死50余名が報告されています。

　いずれにしても、この前の南海トラフの巨大地震は1096年だとすると、1361年までは265年の間隔があったことになります。

| 1375年〜76年 | 阿蘇山噴火 |
| 1387年 | 阿蘇山噴火 |
| 1408年 | 紀伊・伊勢で地震　M7.0〜8.0　津波？
那須岳噴火 |
| 1416年 | 伊豆大島噴火 |
| 1421年 | 伊豆大島噴火 |

1433年	相模で地震　M7.0以上　利根川逆流（津波？）。
1434年	阿蘇山噴火
1435年	富士山噴火
1438年	阿蘇山噴火
1440年	焼岳噴火
1442年~43年	伊豆大島噴火
1449年	山城・大和で地震　M7 3/4　山崩れあり。犠牲者多数。
1467年	応仁の乱起こる。
1468年	桜島噴火
1469年	三宅島噴火
1471年~76年	桜島噴火　溶岩流　犠牲者多数。
1471年	伊豆大島噴火
1473年~74年	阿蘇山噴火
1485年	阿蘇山噴火
1487年	八丈島噴火
1498年	日向灘で地震　M7.0～7.5　犠牲者多数。伊予・畿内でも地震？

1498年　東海道全般で地震（明応地震）　M8.2 ～ 8.4

　　　紀伊から房総にかけての海岸と甲斐（甲府）で揺れが大きかったといわれていますが、震動による被害はあまり出ていないようです。それよりも、紀伊から房総の海岸に大津波（一部で波高 10m を超える）が押し寄せ、全体で 4 万人以上の津波による犠牲者が出たようですが、よくわかっていません。これまで淡水湖だった浜名湖(*)は、この津波により湖と海を隔てていた砂浜（砂州）が決壊して海とつながってしまいました。この決壊した場所が今切(*)です。

* 　都から見て遠いところにある淡水湖＝浜名湖＝遠江（とおとうみ）、近いところにある淡水湖＝琵琶湖＝近江（おうみ）、それぞれの地名の由来です。

* 　今切ができたことについては、それまで海水面より高かった浜名湖が、この地震による地盤沈下で海面下になり、さらに翌年の大雨で流れ込んだ洪水の水が、海への出口を求めて砂州を決壊した場所が今切という説もあります。

　　　津波の状況から考えて、南海トラフの東側が動いたプレート境界型（海溝型）の巨大地震だと思われます。さらに、震動が弱かったわりには、きわめて大きな津波を引き起こしているので、断層が比較的ゆっくり動いた津波地震だったのかもしれません。
　　　この地震に対応する南海トラフの西側で起きた巨大地震については、はっきりしていません。文献としての記録はほとんど残っていないようですが（戦国時代で世の中が混乱していた）、四国ではこのあたりの年代での地盤の液状化跡が見つかっているので、南海トラフ西側でも巨大地震が発生していた可能性もあります。なお、地震に伴う地盤の液状化現象については、1964 年の新潟地震（190 ページ）を参照。
　　　この津波に襲われたため、三重県鳥羽市国崎町（現）の住民は集団で高台へ移住しました。これが日本における津波対策としての初めての集団移転といわれています。漁師たちには海に出るには不便なことにはなりましたが、宝永地震や安政東海地震による大津波のときも、

1498年　東海道全般で地震（明応地震）　M8.2〜8.4

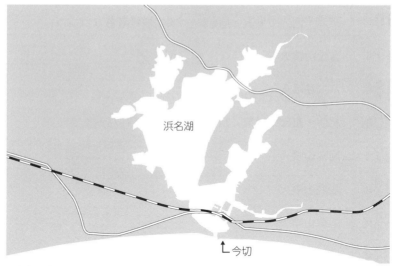

浜名湖と今切。

犠牲者を最小限に抑えることができたそうです。

　また、この地震の3年前（1495年）に、関東で大きな地震があり、これも相模湾内（相模トラフ）の地震であったらしいということもわかってきました（朝日新聞デジタル2012年8月21日）。しかし、『理科年表』にはこの地震が載っていないので信憑性は低いのかもしれません。でも、もしこの地震がM7クラス以上だったら、さきの887年の仁和地震と同じく、まず先に相模トラフの（巨）大地震、数年の間隔を開けて南海トラフでの巨大地震の順に起こるということになります。こうした二つの巨大地震のペアは、1703年の元禄地震（M7.9から8.2、相模トラフの大地震、78ページ）と、1707年の宝永地震（M8.6、南海トラフ全域を震源域とする巨大地震、82ページ）というものもあります。

1502年　越後南西部で地震　M6.5〜7.0　犠牲者多数。

1505年　阿蘇山噴火

1510年	摂津・河内で地震　M6.5〜7.0　犠牲者あり。
1511年	富士山噴火
1518年	八丈島噴火
1520年	紀伊・京都で地震　M7.0〜7 3/4　津波あり。
1522年	阿蘇山噴火
1532年	浅間山噴火
1533年	阿蘇山噴火
1534年	浅間山噴火
1535年	三宅島噴火
1542年	阿蘇山噴火
1544年	燧ヶ岳噴火
1547年	白山噴火
1554年	霧島山（高千穂お鉢）噴火
1554年〜56年	白山噴火
1558年〜59年	阿蘇山噴火
1562年	阿蘇山噴火
1566年	霧島山（高千穂お鉢）噴火
1570年	焼岳噴火

1573年	室町幕府滅ぶ。安土桃山時代始まる。
1573年	阿蘇山噴火
1574年	阿蘇山噴火
1576年	霧島山（高千穂お鉢）噴火
1579年	白山噴火
1582年	浅間山噴火
1582年~83年	阿蘇山噴火
1584年	阿蘇山噴火

1586年　畿内・東海・東山・北陸諸道で地震（天正地震）　M≒7.8　帰雲城の運命。

　この地震は謎の多い地震で、また「帰雲城」（かえりくもじょう、きうんじょう）伝説を生んだ地震でもあります。

　まず、地震そのものがよくわかっていません。飛騨、美濃、伊勢、近江にまで被害が及び、多数の犠牲者を出していることはたしかです。『理科年表』では、震央を庄川断層帯の白川断層[*]の北緯36.0°、東経136.9°としていますが自信はなさそうです。実際、『理科年表』では、震央を伊勢湾とする説、あるいは、阿波でも地割れがあったという被害範囲の広さから、二つの地震がほぼ同時に動いたという説も紹介されています。

[*]　『理科年表』では白川断層を震源断層の候補としてあげていますが、たんに白川断層といえば、下呂と中津川の中間くらいの場所を東北東－西南西方向に走る右ずれ断

中部地方のおもな活断層(*)。　　　　　　　　　　　　　©Google

層のことで、この表現は誤解を招きやすいものです。こちらの白川断層は、中津川と下呂の中間あたりを北西－南東方向に走る大きな阿寺断層と共役な関係にある小さな共役断層（同じ力で生じ、ほぼ直交する断層系）です。

* 日本列島中央部には、東西方向から強い圧縮力を受けたために生ずる無数の断層が走っています。おもな断層は北東－南西方向に走る右ずれ断層と、それと共役な北西－南東方向に走る左ずれ断層です。上の図では、1891年に根尾谷断層が動いた濃尾地震（M8.0、123ページ）が有名でしょう。他にも1858年の跡津川断層が動いた飛越地震（M7.0～7.1）があります。天正地震の震源断層を阿寺断層とする説もあります。力と断層の関係は145～146ページ参照。

　この地震の揺れによって飛騨白川で大規模な山崩れがあり、城主の内ヶ島氏理はじめ、宴会のために帰雲城に集まっていた臣下300人から1500人が、その山崩れによって城や城下町とともに飲まれて全員が犠牲になったという話が伝わっています。山崩れは水を含んだ土

石流であったともいわれています。この宴会は、羽柴秀吉（豊臣秀吉、1537年？～1598年）と対立した佐々成政（？～1588年）に、城主の氏理が味方したため秀吉ににらまれましたが、和睦が成立し領土を安堵されたお祝いの宴でした。宴会後、皆が寝静まったこの日の深夜に、内陸で起きる地震としては最大クラスのこの地震が起きたのです。そして、内ヶ島一族はこれによって城とともにこの世から姿を消してしまったのでした。

　内ヶ島一族は鉱山経営の技術を持った一族だったらしく（秀吉に許されたのも、この技術を期待されたからともいわれています）、氏理の3代前の内ヶ島氏為の代に、おそらく金山開発を期待されて室町幕府の足利義政（1449年～1473年）に白川郷を任されたらしいのです。実際、その後2、3の金山を発見しています。そして、戦乱の世に乗じて領地と金山を私物化し、氏理の代には大量の金をため込んでいたといわれています。つまり、莫大な金が城と一緒に埋まったしまった可能性があるのです。

　じつは今のところ、肝心の帰雲城があった場所がよくわかっていません。いちおう、帰雲城跡という石碑がある場所はありますが、その場所に本当に帰雲城があったというわけではありません。

　合掌造りで有名な白川郷から庄川沿いに上流に向かってしばらく行くと、川の東側（右岸＝川の流れに向かって右側）に帰雲山という名の山があり、その近くに大規模な山崩れの跡が今でも残っています。少し山崩れの跡が新しそうなのが気になりますが、これが天正地震で崩壊した場所であろうといわれています。もっとも、帰雲山という名の山が当時からその名であったという確証はありません。ただ、庄川沿いには他に大規模な山崩れ跡はないので、ここがまず第一候補ということになります。しかしそれ以上のこと、肝心の帰雲城が、川の右岸にあったのか、左岸にあったのかすらわかっていません。

　もし埋蔵金を発見したらどうなるのでしょう。埋蔵金は法的には遺失物法が適用され、遺失物（落とし物）の扱いになり、警察に届けなくてはなりません。そして、本来の所有者＝遺失者（この場合は内ヶ

第1章 416年から1600年（古墳時代〜安土桃山時代）

帰雲城があったところ？　　　　　　　　　©Google

島家の後継者？）がいれば所有者のものとなり、発見者は5〜20％の報奨金をもらえる権利があります。内ヶ島家の正当な後継者ということを証明できる人がいなければ、土地所有者との折半となります。ただ、埋蔵金はたぶん一緒に出てくるだろう他の遺物とともに、文化財保護法が適用され文化財と認定される可能性が高いものです。文化財に指定されたとすると、遺失者がいない場合は国か都道府県の所有ということになり、発見者と土地の所有者には相当額が支払われます。支払われないこともありますが、そのときは面倒で、それを自分の責任で保管しなくてはならなくなります。つまり、売ることができないので1円にもなりません。そればかりか、保管料を負担しなくてはならなくなります。

1587年　阿蘇山噴火
　　　　　霧島山（高千穂お鉢）噴火

1588年	霧島山（高千穂お鉢）噴火
1590年	浅間山噴火
1591年	浅間山噴火
1592年	阿蘇山噴火
1595年	三宅島噴火

1596年　大分で地震（慶長豊後地震）　M7.0　瓜生島消滅。

　本震の1ヵ月ほど前から前震と見られる地震が多発するなか、震度6弱の揺れを伴う大きな地震（本震）がやってきました。高崎山が崩れ、湯布院と日出でも山崩れがあり、また多くの寺社が損壊しました。その後に、大きな引き波から始まる大音響とともに押し寄せた大津波（最大波高は10mを超えたという）のため、府内（今の大分市）では、5000軒あった家のうち、残ったのはわずか200軒だけだったと伝わっています。

　政府の地震研究推進本部は、この地震は別府湾から西に延びる別府湾－日出生断層（群）を震源断層としています。別府湾－日出生断層（群）は、東西に走る別府－万年山断層群を形成する断層の一つで、南側が隆起し、北側は沈降する正断層です。九州のこのあたりは、南北方向に張力がはたらいてできた地溝帯（別府－島原地溝帯、雲仙岳、阿蘇山、九重山、湯布鶴見山などの火山もこの中にある）になっています。津波が引き波から始まったということは、断層の北側がずり落ちるタイプの正断層型地震だったことになります。

　問題は、『理科年表』の「『瓜生島』（大分の北にあった沖ノ浜とされる）の80％陥没し，死708人という．」という記述の信憑性です。

　ここ豊後を支配していたキリシタン大名大友宗麟（1530年～1587

第1章　416年から1600年（古墳時代〜安土桃山時代）

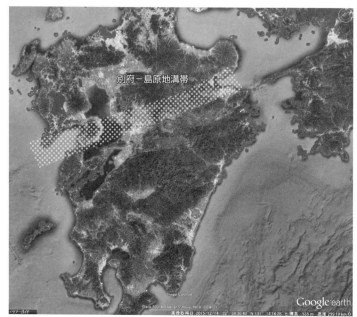

別府－島原地溝帯。
©Google

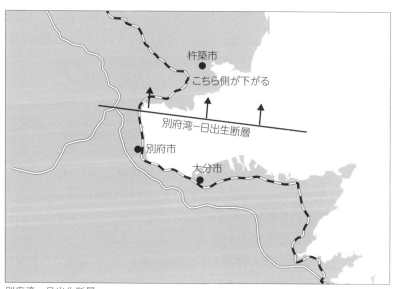

別府湾－日出生断層。
（地震調査研究推進本部の図をもとに作成）

1596年　大分で地震（慶長豊後地震）M7.0

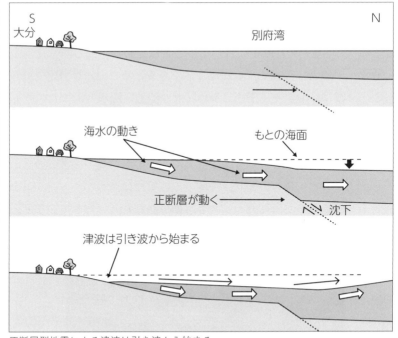

正断層型地震による津波は引き波から始まる。

年）とも交流があり、また府内に住んだこともあるイエズス会の宣教師ルイス・フロイス（1532年～1597年）は、沖の浜について記録を残しています。そこには、「上京のため府内を旅立ったイエズス会士ガスパル・ヴィレラは、『府内の司祭館に別れを告げた後、その町から半里足らずの沖の浜の港で乗船した』という」（『日本史』）と記録されています。さらにフロイスは本部への報告書で、「府内に近く三千（歩）離れたところに、沖の浜と言われ多数の船の停泊港である大きな集落、または村落があり、この地に因んで沖の浜のブラスと呼ばれているこの善良な男は、他の諸国から集まって来る種々の人々に自分の家を宿泊所として提供していることから、豊後では非常に有名である。彼は（地震のことを）こう言った。『或る夜突然何ら風にあおられぬのに、その地へ波が二度三度と（押し寄せ）、非常なざわめきと轟音をもって岸辺を洗い、町よりも七ブラサ（著者注：ブラサ（尋、

ファゾム) は長さを表す古い単位の一つで約2m (1.7〜2.2m)。7ブラサ≒14mになるので、現在の推定値10m以上と矛盾しない) 以上の高さで (波が) 打ち寄せた。このことはその後、或る非常に丈の高い古木の頂上によって知られたことである。そこで同じ勢いで打ち寄せた津波は、およそ千五百 (歩) 以上も陸地に浸水し、また引き返す津波はすべてを沖の浜の町とともに呑み込んでしまった。これらの界隈以外にいた人々だけが危険を免れた。それにしてもあの地獄のような深淵は、男も女も子供も雄牛も牝牛も家もその他いっさいのものをすべていっしょに奪い去り、陸地のその場には何もなかったかのようにあらゆるものが海に変わったように思われた。』」としています。

別府湾と沖の浜。　　　　　　　　　　　　　　　©Google

　これらの記述から、大分に「沖の浜」という地名の場所があり、南蛮貿易 (海外との交易) をおこなう港町として栄えていたということはほぼ間違いないでしょう。その沖の浜は東西4km、南北2km、1000戸あまりの住宅があり、5000人くらいが住んでいたということです。
　さらにブラスは「沖の浜には多数の船が停泊していたが、それらの多くは太閤 (豊臣秀吉) のもので、現在彼によって領有されている諸

1596年　大分で地震（慶長豊後地震）M7.0

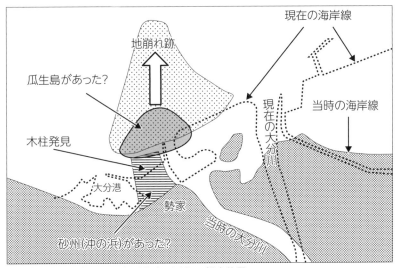

瓜生島調査委員会による沖の浜（瓜生島）の推定位置。
（加藤知弘氏原図をもとに作成）

国の貢物を運送するために豊後に来ていたのであった。これらの船の多くは、すでに積荷を終って出港の時を待っていたもので、また或る船はすでに積荷を始めていた。これら（の船）以外に、そこには種々の商人たちの小舟が無数に停泊していた。」と続け、これらの船はすべて壊れるか、沈没してしまったといっています。これが本当なら、莫大な財宝が、別府湾に沈んだままになっていることになります。当時の豊後（大分）は、海外との貿易で栄えていたからです。こうした津波の遭難記は、日本人のものも残っています（沖の浜に住んでいた沖の浜奉行柴山両賀の娘婿の記録、彼は当時朝鮮出兵に従軍した柴山両賀の留守宅を守っていました）。

　では、沖の浜（瓜生島）はどこにあったのか、なぜ地震（津波）で海中に没したのか、沖の浜と瓜生島との関係はどうかということになります。古地図はあることにはありますが、後の時代に描かれたもので信憑性が低いといわれています。実際の海底調査では、旧大分川の河口近くの海底に大規模な地崩れの跡が見つかっています。フロイスの書き残した文書やこの調査結果からは、かつてここに大きな陸地が

あったらしいということ、その陸地はたぶん独立した島ではなく陸と砂州でつながっていた陸繋島^(*)であったらしいということが想像できます（そこまでは徒歩や馬で行き、そこにある港から船に乗ったという記述があります）。また土地全体が地震や津波により海中に没したとすると、堅い岩盤でできた陸地ではなかったのでしょう。しかし、水を多く含んだ土地であったなら、地震の震動により液状化（詳しくは1964年の新潟地震参照190ページ）が起きて、そのあと襲ってきた津波によって島全体が一気に崩壊して流された可能性が出てきます。

　かつて瓜生島は大分川が運んできた土砂が堆積してできた島（これが瓜生島？）であり、それが砂州（これが沖の浜？）によって陸（大分）とつながった状態にあった。瓜生島の海側は急に深くなるので、大型船が停泊できる良港となり、大勢の人たちがそこで暮らすようになった。これら瓜生島と沖の浜が地震で強く揺すられたために地滑り（地崩れ）を起こし、また液状化も起き、次いで襲ってきた津波によって一切が流されてしまった。そしていつの間にか、この陸地そのものの記憶が曖昧となり、瓜生島と沖の浜という場所の違いすら曖昧になってきた、というシナリオが考えられます。

　ただ1977年から1990年ころまで断続的におこなわれた海底調査では、地滑りの跡は確認できましたが、海中からは木の柱が見つかっている程度で、大規模な遺跡や沈没船は発見されていません。こうしたことから、瓜生島伝説^(*)は伝説に過ぎないという人もいます。

　でも、もし沈没船があったとすると、その中には財宝がたくさん眠っているかもしれません。もし沈没船と積み荷の財宝が見つかった場合、今度は発見されたときに適用されるのは水難救助法で、遺失者が現れないだろうこの年代のものは、基本的に発見者のものになるそうです。

　なお、2016年の熊本地震は、別府－島原地溝帯の西部（布田川断層帯や日奈久断層帯）がおもな地震活動の場になりました。またこの熊本地震では別府－万年山断層帯でも地震が起きています。熊本地震については280ページ参照。

* 砂州と砂嘴

　潮流（沿岸流）によって運ばれた砂が沖に向かって伸びて堆積したものが砂嘴（北海道の野付岬など）。さらにそれが伸びて陸に近づいたものが砂州（天橋立など）、島とつながった砂州が陸繋砂州（函館市街）、つながった島が陸繋島（函館山など）。砂嘴や砂州の上にも街ができることがありますが、地盤は弱いものです。

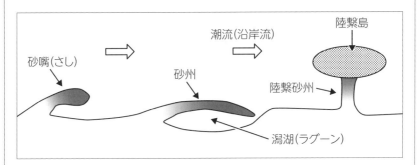

*　なお、大分市のホームページの中の「こどもページ」には、瓜生島伝説が紹介されています。それは下のようなものです。
http://www.city.oita.oita.jp/www/contents/1028272946226/index.html
「人々が大勢住んでいた瓜生島にはいい伝えがあった。それはまつられている恵比寿様の顔が真っ赤になると、島が沈むというものであった。そのいい伝えをたんなる迷信だといっていた男（医者）が、いたずらに自分で恵比寿様の顔を真っ赤に塗った。しばらくは何事もなく、男はそれ見たことかといっていた。ところが、やがて地震が始まり、人々の不安は増大していった。そしてある日白馬にまたがった老人が、島が沈むからみんな逃げろと大声で触れ回った。人々が慌てふためく中、海の水が引き始め、やがて大津波が襲ってきた。この津波により、瓜生島をはじめ別府湾に浮いていた島々はすべて沈んだ。いま勢家（大分の地名、59ページの図参照）の威徳寺はもともとは瓜生島にあったものだ。」

　この慶長豊後地震の3日前には慶長伊予地震（伊予（愛媛）を震央とするM7クラスの地震、中央構造線断層系が動いたらしい）が起きているようですが（京都大学地球物理学教室　中西一郎氏）、『理科年表』には記述がありません。地震調査研究推進本部でも、中央構造線の四国西部での過去の地震としては取り上げられていないので、詳細はわかりません。

さらに慶長豊後地震の4日後に、大阪湾内（北緯34.65°、東経135.6°）を震央とするM7 1/2の大地震（慶長伏見地震）が起きています。この地震によって、京都における秀吉の居城伏見城天守が大破しました。さらに、被害の範囲は京阪神・淡路島に及びます。犠牲者は、大阪と堺を中心に1000人以上、倒壊した伏見城天守の下敷きになっただけでも300人から600人以上ともいわれています。晩年の秀吉（死の2年前）を震撼させた地震です。地震直後に真っ先に駆けつけた謹慎中の加藤清正が許されたとか、同じく駆けつけた黒田官兵衛に秀吉が「俺が死んだと思っただろう（そうだとしたら天下を狙っただろう）」といったという話も伝わっています。

　地震調査研究推進本部は、この地震を有馬－高槻断層が北側の隆起を伴って、右ずれで3m動いたとしています。さらに、1995年の兵庫県南部地震はこの地震によって野島断層にひずみがたまってしまったという説もあります。

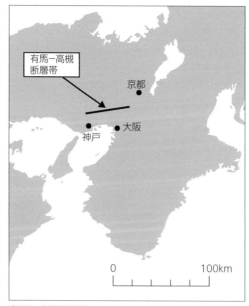

有馬－高槻断層帯。
（地震調査研究推進本部の図をもとに作成）

ともかく数日内に瀬戸内海の東から西までＭ７クラスの地震が３つ起きたことになります。これらは連動したという説もありますが、詳しいことはわかりません。

1600年 関ヶ原の戦い。

第2章

1601年から1870年
(江戸時代)

1603年 江戸幕府開設（江戸時代始まる）。

1605年 東海・南海・西海で地震（慶長地震） M7.9 がほぼ同時に2回。

　東海（北緯 33.5°、東経 138.5°）で起きた M7.9 と、南海（北緯 33.0°、東経 134.9°）で起きた M7.9 の二つの地震です。この地震について『理科年表』では、東海と南海でほぼ同時に起きた二つの地震としていますが、東海沖の一つの地震だったかもしれないという説も紹介しています。震動による被害は、淡路島の寺の諸堂倒壊、仏像飛散の報告だけしかありません。しかし津波が犬吠埼から伊豆諸島を含め、九州に至る広い範囲を襲って、全国での犠牲者は2000人以上、あるいは5000人とも1万人ともいわれている大被害が出ています。

　震動に対して津波が大きかったことから、1896年の三陸沖地震（明治三陸沖地震、127ページ）のような、ゆっくりと震源断層が動いた地震だったのかもしれません。2011年の東北地方太平洋沖地震のような低い角度の逆断層という説もあります。東京大学の古村孝志氏は南海トラフの海溝軸付近の浅い地震ではないかとしています。

　しかし、もと名古屋大学の安藤雅孝氏は、宝永地震と同じ断層面がゆっくりと動くとは考えにくい、四国の道後温泉や和歌山の湯の峰温泉は南海トラフで起こる大地震と連動しているらしいのに、これらの温泉では変化が見られなかったということから、津波の主原因は地震ではなく、M7クラスの地震が引き金になってメタンハイドレート[*]の崩壊が起き、そのために生じた海底の地滑りではないかという説を唱えています。

　今のところ、一つの地震だったのか二つの地震だったのか、津波の原因は断層なのかメタンハイドレートなのかについては、後の津波で当時の資料が失われたこともあり、決め手がなく全体像がつかめていません。

＊　メタンハイドレート

　水分子がつくる「かご」の中に天然ガスの主成分であるメタンが閉じ込められている構造。一見シャーベットのように見えますが、火を近づけると燃え出します。メタンハイドレートはツンドラ（凍土）や、深海底のような場所で存在できる構造です。日本のまわりの深海に広く分布していて、とくに南海トラフ沿いにたくさん存在しています。将来のエネルギー源となるかもしれません。

　メタンハイドレートは、メタンを閉じ込めている「かご」が壊れると中のメタンが噴き出てしまい、これが支えていた海底も崩れます。だから、海底下に埋まっているメタンハイドレートが一気に崩壊すると、大規模な地滑りを起こし、津波の原因となる可能性があるのです。

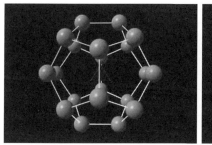

メタンハイドレートの構造（左）と、燃える（人工の）メタンハイドレート（右）。
（提供：メタンハイドレート資源開発研究コンソーシアム）

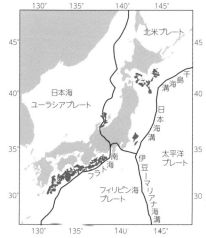

メタンハイドレートの分布。南海トラフ沿いにたくさん分布している。
（メタンハイドレート資源開発研究コンソーシアムの図をもとに作成）

1611年 三陸および北海道東岸で地震（慶長の三陸沖地震）M8.1

　震央は三陸沖（北緯39.0°、東経144.0°）の日本海溝付近と推定されています。三陸でかなり強く揺れましたが、震動による被害は軽微です。しかし、地震後に襲ってきた大津波で大被害が出ています。伊達領（宮城県から福島県の一部）だけで犠牲者1783人、南部（岩手県）、津軽（青森県）ばかりか、北海道東部での津波による犠牲者が多数出ています。揺れがそれほど大きくなかったのに大津波を発生させたことや、また震源の位置が近いことなどのため、1933年の昭和三陸沖地震（156ページ）と似ているといわれています。

　最近の北海道の津波堆積物の調査から、震源域は北海道よりにもっと伸び（あるいは連動し）、M9クラス相当の地震だったという説もあります（産総研、2012年）。

　また別に、最初にプレート境界型の地震が起き、その数時間後に潜

慶長の三陸沖地震の震源域。震源域が北海道沖までの超巨大地震だった？

り込むプレートが折れ曲がったところがポキッと折れて発生するアウターライズ地震が起き、それが大津波を招いたという学者もいます（もと東京大学地震研究所、都司嘉宣氏）。アウターライズ地震については 157 ページを参照。

1615年 江戸で地震　M6 1/4からM6 3/4　いわゆる都市直下型。犠牲者多数。

1628年~49年

関東で地震が頻発。

1628 年以降の 20 年間、地震が多発していて、おもなM 7 以上のものは下の二つがあります。

一つは、1648 年、相模・江戸（震央は三浦半島付近の北緯35.2°、東経139.2°）のM ≒ 7.0 の慶安相模の地震です。地震の被害については諸説あり、よくわかっていません。

もう一つは 1649 年武蔵・下野(しもつけ)・川越（埼玉、東京、栃木あたり、震央は埼玉県東部（北緯 35.8 度、東経 139.5°））、M7.0 の慶安武蔵の地震です。川越で 700 件ほどの町屋が大破、江戸城も一部崩れ、武家・町人の家ともども破損して、犠牲者が多く出ました。さらに上野(うえの)の東照宮の大仏の頭が落ち、また日光東照宮でも被害が出ました。

この二つの地震についての地震調査研究推進本部の判断は、プレートの潜り込みによる内陸の地震だったという判断ですが、資料不足のために詳しい断定は避けています。

上の二つの地震以外にこの地域で 1628 年～ 1649 年の間に起きた比較的大きな地震を下に挙げておきます。

1628年 江戸・相模東部で地震　M6.0

1630年 江戸で地震　M6 1/4

1633年 相模・駿河・伊豆で地震（寛永小田原地震）　M7.0　小田原で民家の倒壊、圧死150人。熱海で津波。相模トラフのプレート境

界型地震の可能性がある。

1635年　江戸で地震　M≒6.0

1640年 北海道駒ヶ岳噴火　記録上初めての火山大災害。

　この火山噴火以前にも犠牲者が多く出た噴火として、1408年那須岳の噴火で180人、1471年桜島の噴火で多数、1596年の浅間山の噴火で多数という噴火はありました。でも、1640年の北海道駒ヶ岳の噴火では700余名もの犠牲者が出ています。これが記録にきちんと残っている日本で最初の大きな火山災害でしょう。

　このときの噴火は、1980年のアメリカのセント・ヘレンズの噴火のように、マグマの上昇による地震と、さらに火山体の膨張が山体崩壊を引き起こし、それまでマグマを抑えていた上の部分の重さがなくなったためマグマの圧力が勝り、一気に噴火に至ったようです。山体崩壊した岩石は、水を含んだ高速の土石流（火山噴火に伴うこういう現象をラハールといいます）となって、北東側で内浦湾（周囲に火山が多いので噴火湾とも呼ばれています）になだれ落ちました。そして、その勢いで大津波が発生し、その大津波は内浦湾全体を襲って700余名という犠牲者を出してしまったのです。北海道の中でも比較的暖か

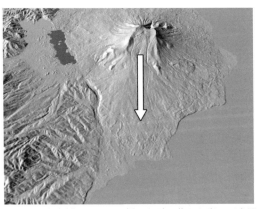

駒ヶ岳の南東斜面。こちら側をなだれ落ちた岩石が大沼・小沼を誕生させた。陸域観測技術衛星だいち（JAXA）のデータをもとに、カシミール3Dで作成。

1640年　北海道駒ヶ岳

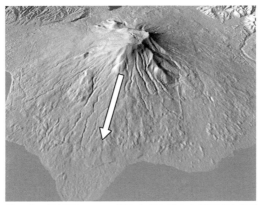

駒ヶ岳の北斜面。こちら側をなだれ落ちた岩石が大津波を発生させた。
陸域観測技術衛星だいち（JAXA）のデータをもとに、カシミール3Dで作成。

い内浦湾の沿岸には、江戸時代初期の1600年初めのころから本土から渡ってきた人々（和人）が定住をはじめ、1640年ころにはすでに大勢の人が住んでいたようです。なお、松前家（松前藩）が徳川家康から蝦夷地（北海道）の支配権を認められたのは1599年です。

　また別に、南東側に流れ落ちた土砂は折戸川をせき止めて、現在の

大沼、小沼の景観をつくりました。このときの爆発で、それまであった富士山型（成層火山）の標高1700mもあった山頂はなくなり（今の山頂剣ヶ峯は1131m）、現在のように東側に馬蹄形に開いたカルデラができました。噴火は約1ヵ月続き、その間大量の火山灰、軽石を降らせました。噴出物の総量は29億m^3（東京ドーム2400杯分）と見積もられています。

　駒ヶ岳は典型的な安山岩質（二酸化ケイ素含有量（重量）58.1〜62.2％）マグマの火山です。きれいな形をした成層火山をつくったり、爆発的な噴火をして山体を崩壊させたりということを繰り返している危険な火山なのです。優美なその姿や大沼、小沼の景観にだまされてはなりません。じっさい、1856年と1929年にもかなり大規模な噴火を起こしているし、またその間にも中小規模の噴火を繰り返しています。最近では2000年に小噴火をしています。

1643年　三宅島の西山麓から噴火。海を埋めるような溶岩流も発生し、溶岩のため一つの村が全滅したが、犠牲者が出たかは不明。

1647年　相模・江戸で地震　M6.5　犠牲者あり。

1648年　相模・江戸で地震　M≒7.0　犠牲者1人。

1649年　安芸・伊予で地震　M7.0
　　　　　川崎・江戸で地震　M6.4　川崎で被害が大きい。圧死多数。

1659年　岩代・下野で地震　M6 3/4〜7.0　犠牲者多数。

1662年　**近畿から中部で地震（寛文近江・若狭地震）M7 1/4〜7.6　地殻変動を起こした内陸の大地震。**

　近畿から中部に至る地震（寛文近江・若狭地震）で、震央は琵琶湖南部（北緯35.2°、東経135.95°）と推定されています。震動は近江・

若狭で強かったが、被害は当時の大都会京都（40万都市）の方が大きかった地震です。全体での犠牲者は800人を超すといわれています。安曇川上流では、土砂崩れの直撃を受けた500人以上が犠牲になっています。またこの土砂崩れが安曇川をせき止めてダム湖をつくり、後に決壊して下流に被害を出しています。こうしたタイプの被害は、日本ではしばしば発生しています。たとえば1847年の善光寺地震（102ページ）もそうでした。

また、この地震は大きな地殻変動を起こしています。三方五湖の水月湖東部では最大4.5m、久々子湖では3m隆起しました。全体に東側が隆起する形になったため、管湖から久々子湖へ流れていた気山川がふさがり、管湖、水月子湖、三方湖の水があふれ出し、まわりの土地が浸水する事態となりました。

このため管湖と久々子湖を結ぶ新たな水路（浦見川）が計画されました。かつては峠だった浦見の堅い岩盤を掘り下げる難工事の末、ようやく2年がかりで掘削に成功しました。この浦見川の長さは324mあり、当時の峠から41mも掘り下げたところが現在の水面になりました。この浦見川の掘削によって、浸水していた水の排水ができるようになったばかりか、深い湿原だった三方湖周辺の土地改良にもつながって新たな水田ができ、また新たな集落もできました。

三方五湖。

第 2 章　1601年から1870年（江戸時代）

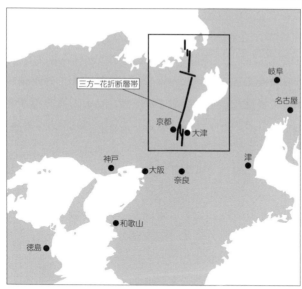

三方－花折断層帯。
（地震調査研究推進本部の図をもとに作成）

　地震調査研究推進本部は、この地震の原因となったのは三方－花折断層帯の活動だったとして、逆断層である三方断層の東側が3mから5m隆起する形で動き、ついで花折断層も右ずれで動いたかもしれないといっています。

1662年　日向・大隅で地震　M7.5〜7 3/4

1663年　雲仙岳噴火　溶岩流出あり。

1666年　越後西部で地震　M≒6 3/4　雪に埋もれた中での地震。

　越後西部（震央北緯37.1°、東経138.2°）で起きた地震です。越後西部、とりわけ高田（現上越市高田地区）付近は豪雪地帯として知られています。この地震は、一年の中で雪がもっとも深く積もる時期（2月1日）に起きた地震です。地震が起きたときの雪の深さは約4.5m、

当時の大人の背の高さの約3倍に匹敵します。多くの家々は雪に埋もれていたことでしょう。この地震は震動が強く、高田城が破損したばかりではなく、武家・町人屋敷でも多くが倒壊しています。地震が発生したのは夕方ころ（申下刻(さるげこく)）でしたが、夜になってから火事が広がってしまいました。火から逃げようにもまわりの雪壁に阻まれていて、1500人ともいわれる犠牲者を出してしまいました。もちろん犠牲者は火災によるものばかりではなく、倒壊した建物の下敷きになったり、あるいは屋根から落ちてきた雪につぶされたり、さらには折れて落下した氷柱(つらら)に刺されたりという人もいます。

高田平野断層帯。
（地震調査研究推進本部の図をもとに作成）

　この地域の東西には高田平野断層帯が走っています。おそらくはこの断層が動いたために発生した地震でしょう。
　高田平野断層帯は東と西に分かれていて、高田平野西縁断層帯は西側が東側に対して隆起する逆断層、高田平野東縁断層帯は南東が北西側に対して隆起する逆断層で、高田はその間にあります。このときの地震の原因となったのは、東西のどちらの断層帯かわかりません。ど

ちらが震源断層であったにせよ、高田付近は震央に近いのでいきなり上下に激しく揺すられたことでしょう。

なお新潟県とその周辺は地震が多い場所で、被害が大きいものだけでも下のような地震があります。

1502年　越後南西部　M6.5〜7.0　犠牲者多数。

1666年　越後西部高田（上で説明した地震）　M6 3/4

1670年　越後村上　M≒6 3/4　犠牲者13人

1762年　佐渡島北方沖　M≒7.0　犠牲者あり、鵜島村で津波被害あり。

1802年　佐渡小木　M6.5〜7.0　犠牲者19人

1828年　越後三条　M6.9　犠牲者1400人以上

1833年　庄内沖　M7 1/2　津波あり、犠牲者約100人。

1847年　越後頸城郡　M6.5　被害は5日前に起きた善光寺地震（102ページ）と連動？

1853年　信濃北部　M6.5

1886年　新潟県南部　M5.3

1890年　長野県北部　M6.2

1918年　長野県北部（大町地震）　M6.5（直前にM6.1も）

1927年　新潟県中越（関原地震）　M5.2

1941年　長野県北部　M6.1　犠牲者5人。

1961年　新潟県中越　M5.2　犠牲者5人。

1964年　新潟県沖（新潟地震）　M7.4（190ページ参照）

2004年　新潟県中越（新潟県中越地震）　M6.8（Mw6.6）　犠牲者68人。

2007年　新潟県中越沖（新潟県中越沖地震）　M6.8　犠牲者15人。原発が被災（変圧器から火災）した初めての地震。

　さらに新潟県西部から南へ長野県にかけて、また新潟から日本海側を秋田、青森、北海道にかけても地震が多く起きています。これは、北米プレートとユーラシアプレートの境界がここらあたりを走っていることをうかがわせるデータです。これについては227ページ参照。

1670年　越後村上で地震　M6 3/4　犠牲者13人。

1676年　岩見で地震　M≒6.5　犠牲者7人。

1677年　## 三陸で地震（延宝三陸沖地震）　M7.9　連動した？　三陸と房総の地震①

　陸中・陸奥（宮城北部から青森、震央北緯40.5°、東経142.3°）で起きたM7.9の延宝三陸沖地震です。八戸や盛岡などから震動による被害が報告されています。震動のわりには大きな津波が発生し、3mから5mの高さで三陸一帯を襲いました。

　地震調査研究推進本部は、この地震を三陸沖北部の地震としています。ここはほぼ100年ごとに同じような地震が起きている地域で、1968年の十勝沖地震（202ページ）もその一つです。

1677年　## 房総で地震（延宝房総沖地震）　M≒8.0　連動した？　三陸と房総の地震②

　磐城・常陸・安房・上総・下総（福島・茨城・千葉、震央北緯35.5°、東経142.0°）で起きたM≒8.0の延宝房総沖地震です。①の延宝三陸

沖地震の7ヵ月後に起きました。震動による被害は報告されていません が、最大波高10m程度の大津波が磐城（福島）から房総、さらには伊豆諸島を襲い、知多半島にも到達しています。この津波のために全体で500人以上の犠牲者が出ました。延宝三陸津波と同じように断層がゆっくりと動いた津波地震の可能性が高いと考えられます。もしかするとこの二つの地震は連動したのかもしれません。ただし、この地震の震源はもっと陸寄りのM6クラスの地震という説もあり、よくわかっていません。地震調査研究推進本部はこの地震をプレート境界型の地震（逆断層型）としています。

1678年 陸中・出羽で地震　M7.5　犠牲者1人。

1683年 日光で地震　M6.5〜7.0
下野・岩代で地震　M7.0

1686年 安芸・伊予で地震　M7.0〜7.4　犠牲者あり。
遠江・三河で地震　M7.0　犠牲者あり。

1690年 伊豆大島で噴火（貞亨の大噴火）　溶岩流北東の海岸に達する。

1694年 能代付近で地震　M7.0　犠牲者394人。

1703年 豊後で地震　M6.5　犠牲者あり。

1703年　江戸・関東諸国で地震（元禄地震）M7.9〜8.2

　江戸・関東諸国（震央北緯34.7°、東経139.8°）を揺らしたM7.9〜8.2の元禄地震です。関東南部の広い範囲で強い揺れがありました。房総半島南部、相模湾沿岸では震度7になったと思われます。とくに小田原での被害は大きく、城下は全滅、犠牲者2300人以上が出ました。江戸・鎌倉でも大きな被害が出ています。地震の後、大津波が犬吠埼から下田までを襲い、数千人の犠牲者を出しています。その津

波は房総半島の九十九里海岸のようなまっすぐで遠浅の海岸でも、高さ5m〜6mの津波となっています。この津波はもっと高かった可能性もあります。この大津波のために、房総だけで6500人以上の犠牲者が出ています。また鎌倉でも、鶴岡八幡宮の二の鳥居まで津波が到達しています（これからわかる波高は8m）。全体での犠牲者は1万人を超えると思われます。

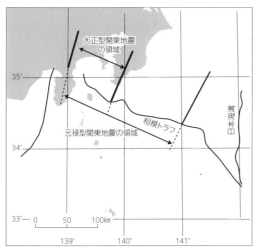

元禄地震と関東地震の震源域の比較。
（地震調査研究推進本部の図をもとに作成）

　この元禄地震は、1923年の関東地震（146ページ）と同じ相模トラフの巨大地震（プレート境界型（逆断層型））だと考えられています。しかし、この地震では房総半島から相模湾の沿岸が最大8m隆起しました。1923年の関東地震では隆起量が2m以下でした。このことから考えると、元禄地震の規模の方が関東地震よりもかなり大きかったことになります。このため図のように、元禄地震の震源域が関東地震よりもさらに房総半島の南東側に広がっていたと考えられます。

1704年
羽後・陸奥で地震　M7.0　山崩れあり。犠牲者58人。

1707年
関東から九州までの広域で大地震（宝永地震）　M8.6　宝永の超巨大地震。

　10月28日に五畿七道（関東から九州まで全体）（震央は北緯33.2°、東経135.9°）を大きく揺らしたM8.6の宝永地震です。この地震は、2011年3月11日の東北地方太平洋沖地震（250ページ）と並び、記録に残っている地震としては最大クラスの地震です。

　震動による被害は、東海道－伊勢湾－紀伊半島で著しいものがありました。一方津波の被害は、土佐（高知）で最も大きいものになっています。津波は房総から九州まで、さらには瀬戸内海も襲いました。この地震によって室戸、潮岬、御前崎は1m～2m隆起しました。逆に高知の東部では広い面積（20km²）が最大2m沈下しました。さらに道後温泉では145日間湯が止まったという記録も残っています。

　震動による被害と津波による被害の違いは、記録の上でははっきりと区別できません。いずれにしても、全国では2万人以上が犠牲になっています。

　かつては強く揺れた範囲と津波に襲われた範囲があまりに広いために、紀伊半島沖と遠州灘でほぼ同時起きた二つの地震という説もあったくらいです。でも東北地方太平洋沖地震を考えると、一つの地震であったとしてもおかしくはありません。これだけ震源域が広いと、地震の原因となった断層の破壊は1ヵ所だけではなく、2、3ヵ所が連続的に破壊したということも考えられます。実際、東北地方太平洋沖地震でもそうでした。つまり図の想定震源域全体が震源域だったとしてもおかしくはありません。ただし、この地震では震源域は駿河湾内には及んでいなかったとする研究者もいます。『理科年表』ではマグニチュードを8.6としていますが、実際はM9クラスの地震だったと思われます。

　震動時間がきわめて長かった、また場所によっては長周期震動（ゆ

1707年　関東から九州までの広域で大地震（宝永地震）　M8.6

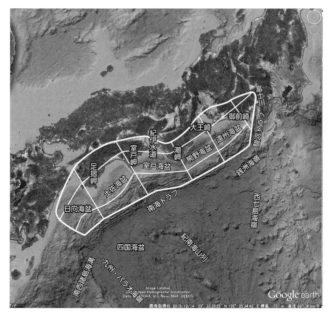

©Google

南海トラフで発生する大地震の想定震源域（5つの領域（各海盆）に分けられる）。宝永地震は土佐海盆から駿河湾（一部）までが震源域だったと思われる。175ページも参照。
（地震調査研究推進本部の図をもとに作成）

ったりとした揺れ）が目立ったという記録もあり、こうした地震の特徴も東北地方太平洋沖地震と似ています。

　南海トラフで起こる大地震については、ある程度の"癖"があることがわかっています。震源域の広さは地震によって異なり、図で分けられた5領域すべてが震源域になる超巨大地震から、隣あう2つから4つを震源域の広がりとする巨大地震があります。5領域すべてを震源域としない場合は、隣接する領域どうしでは短い間隔で大地震が起きています。さらに大きな時間で見ると、百数十年から200年近い間隔で大地震（巨大地震）が発生しているという傾向も見えます。南海トラフの巨大地震については175ページでもう一度考えてみます。

1707年 富士山の宝永大噴火

　12月16日に、富士山が大噴火しました。宝永地震の49日後です。このときの噴火は、富士山の南東斜面に新しい宝永火口が開き、そこから爆発的なものになりました。頂上からの噴火ではありませんし、また、溶岩の流出もありませんでした。しかし、高さ20kmまで達したという大量の火山灰を勢いよく噴き上げ、その火山灰は西風に乗っておもに富士山の東側に多く積もりました。山麓の（現）御殿場市や（現）小山町では火山礫（はじめは白っぽい軽石、のちに黒っぽいスコリア）も混ざり、その厚さは最大3mにもなりました。100kmほど離れた江戸（東京）でさえ、降り積もった火山灰は数cmになり、火山灰が降っている間は真っ暗になって昼でも行灯が必要なほどだったと伝わっています。この江戸に降った火山灰も、富士山周辺に降った火山礫の変化と同じで、はじめ白く、のちに黒いものに変わったという記録も残っています。噴出物の総量は7億m^{3}になります。

　噴火の10日ほど前から富士山の周辺では多くの地震が感じられるようになり、その地震は前日の15日夜には江戸や名古屋でも感じられるほどの大きなものになっていきました。噴火そのものは、16日のお昼前に始まったようです。何回もの大きな爆発を繰り返し、空振（爆発による空気の振動、今なら窓ガラスがびりびりと振える、当時なら戸や障子などが振るえたと思われます）が江戸や伊那でもわかったほどでした。夜は火柱が火口から立ちのぼるのが見えたそうです。噴火のクライマックスは16日午後から17日の朝までで、以後だんだんと噴火活動は弱くなり、翌年1月1日には噴火は収束しました。

　1707年の宝永の大噴火は、富士山にとっては864年の貞観大噴火（33ページ）以来久しぶりの大噴火です。864年以降の小噴火は何回かありますが、それも1183年以降しばらく途絶え、1435年（1436年？）と1511年しかありません。宝永の噴火は貞観の噴火（33ページ）からは843年ぶりの大噴火、1511年の小噴火からにしても196年ぶりの噴火となります。

1707年　富士山の宝永大噴火

富士山の南東側斜面に開いた宝永火口。頂上の火口より大きい。
陸域観測技術衛星だいち（JAXA）のデータをもとに、カシミール3Dで作成。

地上（富士山の南にある愛鷹山）から見た宝永火口。

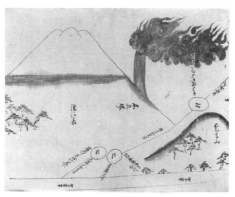
「伊東志摩守日記　富士山宝永年間噴火図」
宝永の噴火の様子。
（宮崎県立図書館所蔵）

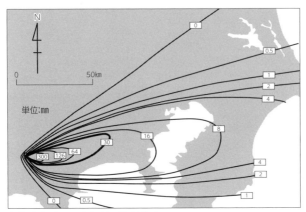

宝永噴火（1707年）時の降灰分布。
（内閣府防災情報のページの図をもとに作成）

　初めのうちは噴出物が白っぽく、後に黒くなったことは、噴火を起こしたマグマの組成が途中で変化したということを示しています。おそらく、静かだった間に富士山のマグマだまりではマグマの分化（294ページ）が進み、底の方には二酸化ケイ素の少ない玄武岩を作る結晶が沈殿して固まり、それより上にはもう少し二酸化ケイ素が多くなる安山岩をつくる結晶が沈殿し、さらにその上に二酸化ケイ素の含有量が多い液体（デイサイト質マグマ）が上澄みとなっていたのでしょう。そのマグマだまりが宝永大地震で揺すられることによって、マグマの中に溶け込んでいた火山ガスが噴き出てきて（発泡して）、その圧力で爆発したのだと思われます。ちょうど、炭酸飲料のペットボトルを勢いよく振ったあとに、ふたを開けたのと同じ状況になったのです。だから、最初に噴き出てきたマグマはデイサイト質から安山岩質のもので、これが軽石や白い火山灰となりました。
　これまでの富士山の噴火の多くは、玄武岩質（あるいは玄武岩に近い安山岩質）マグマが噴火のもととなっていました。玄武岩質のマグマならあまり激しい爆発はせずに、比較的流れやすい玄武岩質（苦鉄質）の溶岩を流すことが多いのです（もちろん噴煙も噴き上げて火山灰を降らせます）。

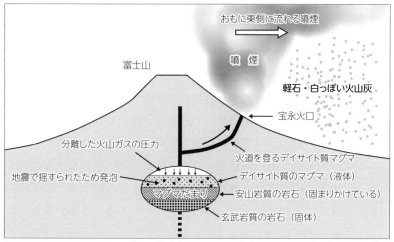

宝永の噴火の初期段階：マグマの分化によって上の方にたまっていたデイサイト質から安山岩質のマグマが噴火する。

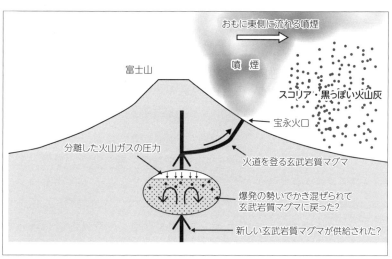

宝永の噴火の中期以降：マグマだまりのマグマが玄武岩質（苦鉄質）に戻り、玄武岩質マグマが噴火する。

　ところが、この宝永噴火の爆発のあまりの激しさに、マグマだまりの中でいったん沈殿した結晶もかき混ぜられて再溶融したためにもとの玄武岩質マグマに戻ったのか、あるいは大量のマグマを噴出して圧力の下がったマグマだまりに、地下深くから新しい玄武岩質マグマが

供給されたのでしょう。だから、16日の昼前に始まった噴火の初期段階ではデイサイト質から安山岩質マグマ（中間質マグマ（白っぽい軽石のもと））、午後3時ころからは玄武岩質マグマ（黒っぽいスコリアのもと）が噴火の主体となったと思われます。宝永の噴火は、1回の噴火の途中からマグマの組成が劇的に変わった噴火であり、それはマグマの分化を実際に示した興味深いものでした。富士山の宝永の噴火のように、ふつうは玄武岩質マグマによるあまり激しい噴火をしない火山でも、噴火の間隔が開くと休止期間の間にマグマだまりのなかでマグマの分化が進み、上澄みとして上の方にたまった流紋岩質のマグマによる爆発的な噴火が起こる可能性があります。また、おとなしかった火山でも、古くなると爆発的な噴火を起こすようになるのも同じ原因です。

　富士山の周辺の田畑は降り積もった火山灰のため耕作ができなくなり、また用水も埋まってしまったために悲惨な状態になりました。さらに、田畑に降り積もったり、また集められた火山礫・火山灰(*)は雨のたびに流れ出し、おもに酒匂川(さかわがわ)の河床を上げてしまいました。そのために酒匂川はたびたび洪水や土石流を引き起こし、住民は噴火後も長く悩まされることになったのです。

　この甚だしい被災状況は小田原藩だけではどうしようもないので、藩は江戸幕府に救済を願い出ました。幕府はそれを受けて、全国の諸大名から強制的に救援金を集めました。これが江戸幕府最初の全国課税といわれています。もっとも集めた40万両(*)のうち、実際の救援活動に使われたのは16万両だけで、残りは逼迫(ひっぱく)し始めていた幕府の財政に流用されたそうです。

* 　火山灰は直径が2mm以下のもの、火山礫は直径が2mmから64mm以上のもの、これ以上大きいものは火山岩塊といいます。たんに大きさで分類しているだけで、中身は同じです。また多孔質（穴がたくさん開いている構造、溶け込んでいた火山ガスが抜けると多孔質になる）の火山礫の中で白っぽいものを軽石といい、黒っぽいものをスコリアといいます。軽石は二酸化ケイ素を多く含み、スコリアはそれと比べると二酸

化ケイ素が少ないという組成の違いがあります。

＊　　　日本銀行の貨幣博物館は、当時の貨幣価値が現在ではどのくらいになるのかは一概にいえないということをはじめに断っています。それでもあえて換算するとして、江戸中期の1両を米価換算で4万円〜6万円という数値を出しています。そこで、1両5万円とすると、40万両は200億円くらいということになります。また別に、労働者（大工）の賃金から考えると、1両は32万円くらいになるという数値も出しています。そうすると40万両は1280億円となります。

1710年　鳥取西部で地震　M6.5　犠牲者多数。

1714年　信濃北西部で地震　M6 1/4　犠牲者56人。

1718年　信濃・三河で地震　M7.0　せき止められた遠山川が後に決壊したことによる犠牲者あり。

1723年　肥後・豊後・筑紫で地震　M6.5　犠牲者2人。

1725年　高遠・諏訪で地震　M6.0〜6.5　犠牲者4人。

1729年　能登で地震　M6.5〜7.0　犠牲者5人。

1730年　チリで起きた地震で発生した津波が陸前を襲う（田畑に被害あり）。

1732年　岩手山噴火　焼走り溶岩流。

1741年　渡島大島噴火　津波による犠牲者1467人。

1751年　越後・越中で地震　M7.0〜7.4　犠牲者1500人以上。

1762年　佐渡で地震　M≒7.0　犠牲者あり。

1763年　1月29日　陸奥八戸で地震　M7.4　津波あり。犠牲者3人。1968年十勝沖地震に類似。

　　　3月11日　陸奥八戸で地震（宝暦の八戸沖地震）　M7.3

　　　3月15日　陸奥八戸で地震　M7.0

第2章 1601年から1870年（江戸時代）

1766年 津軽で地震　M7 1/4　犠牲者1300人（圧死1000人、焼死300人）。

1769年 日向・豊後・肥後で地震　M7 3/4　津波あり。

1771年 | 空前の津波（八重山地震津波）　M7.4　犠牲者１万2000人以上（先島諸島）。

　先島諸島（八重山列島・宮古列島）（震央北緯24.0°、東経124.3°）で発生したM7.4の地震です。大きな津波を伴いました。

　震動による被害はないようですが、大津波による被害は甚大で、先島諸島全体での犠牲者数は１万2000人以上になります。当時のこのあたりの人口を考えると、途方もない被害であることがわかります。とくに石垣島での被害が大きく、当時の石垣島の人口１万7549人のうち8480人が津波の犠牲になっていて、その割合はじつに48.3％にもなります。津波が押し寄せてきた島の東から南にかけて存在していた村の中には、ほぼ壊滅した村もあります。一方、石垣島のすぐ近くの竹富島の生存率が高いことが注目されます。これは竹富島の集落が海に面して作られていなく、島の真ん中の高台にあるためです。

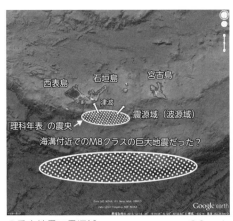

八重山地震の震源域。　　　　　©Google
『理科年表』は石垣島近くでのM7.4の地震としているが、海溝付近で起きたM8クラスの地震だったという人もいる。

88

1771年　空前の津波（八重山地震津波）　M7.4

　一時は古文書の記録から、この大被害をもたらした津波は波高80mにも達したといわれていた時期もありました。さすがに実際にはそれほどではなかったようです。最近の研究では石垣島の東から南の海岸で津波は一番大きく、最大波高は30m程度（それでもビル10階ほどもある巨大津波）とわかってきました。そして、先島諸島はこれまでも、このような大津波に何回も襲われていることもわかりました。過去の津波で打ち上げられたサンゴ礁の岩塊（津波石（現地の言葉で「ガーランジ」））が、どの高さまで達しているのか、またそのサンゴ礁の岩塊は何年前のものなのかなどを調べることによって、そのようなことがわかってきたのです。

石垣島大浜公園の津波石（海岸から100m以上離れた海抜5〜6mの地点。人物は身長1.7mの筆者）。1771年以前のかなり古いものかもしれない。

　この大津波からは助かったとしても、田畑は海水をかぶったため作物が育たなくなり、漁船も流されたりしたため、その後の生活は成り立たたなくなりました。そして、食糧事情がきわめて悪化して飢饉になりました。そればかりか、衛生状態も悪くなり（伝染病もはやり）、

なかなか人口の回復には至らなかったのです。

　江戸時代の中期、しかも江戸や大坂などの当時の政治経済の中心部から遠く離れた先島諸島の人口や犠牲者数が正確にわかっているのは、この地の住民には琉球王朝から"人頭税"が掛けられていたからです。清（中国）と薩摩藩へ二重朝貢に苦しんだ琉球王朝が、先島諸島の住民に対して、ともかく人一人一人に直接税金を掛けたのです。それが人頭税です。

　ただ、こうした津波の被害やその後の歴史は、現地の人たちが世代交代したり、また別な場所から移住してきた人が増えたりで、だんだんと忘れられてきているようです。石垣島の人でも、津波石（ガーランジ）を知らなかったり、八重山地震津波の犠牲者の慰霊碑の場所や、そもそもその存在も知らない人が多くなっているようです。

　薩南諸島（奄美諸島など）、琉球諸島（沖縄諸島、先島諸島（宮古列島、八重山列島））などの九州から台湾にかけての南西諸島は地震や津波はあまり起きない場所と思われがちです。しかし、南東側に南西諸島海溝（琉球海溝）という南海トラフの延長（フィリピン海プレートが潜り込む場所）があり、北西側には沖縄トラフ（プレートが離れる境界らしい）があるため、このあたりは地震活動が活発な場所なのです。

　『理科年表』に載っている1771年の地震とその震央は、南西諸島海溝よりもかなり石垣島寄りの場所で発生したM7.4になっています。でも、この地点での『理科年表』がいうようなM7クラスの地震だけでは、あのような津波は発生しないと考える人もいます。津波が巨大になったのは、地震が誘発した海底の地滑りが津波を大きくしたのだろうとか、地震そのものが南西諸島海溝付近で発生したプレート境界型（海溝型）の巨大地震だったためではないかという説を唱える人もいます。ようするに、この巨大津波の原因となった地震については、震動が小さくても巨大津波を発生させる津波地震だったのだろう程度しかわかっていないのです。

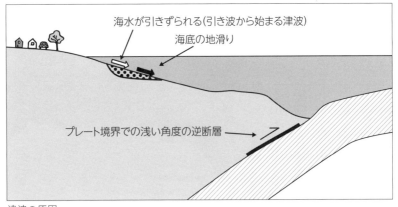

津波の原因。
地震に誘発された海底地滑りがあったという説、プレート境界型で角度の小さい逆断層だったという説などがあるが、よくわかっていない。

1777年〜92年 伊豆大島の安永の大噴火　溶岩流は北東、南西の海岸に達する。

1779年〜82年 桜島の安永の大噴火　溶岩流、津波も発生。犠牲者153人。

1780年〜82年 青ヶ島で噴火　全島民避難（犠牲者130人〜140人）。

1783年　浅間山の天明の噴火

　1783年の浅間山の噴火は天明の大噴火ともいわれています。浅間山は有史以来何回も噴火していて、その噴火史のなかでも1783年の噴火はもっとも規模の大きな噴火でした。

　天明の大噴火は、1783年5月9日に始まりました。風向きによっては、火山灰は佐渡へ、また仙台へと流れて降っています。

　3ヵ月続いた噴火のクライマックスは、8月4日から6日です。当初は安山岩質マグマ(*)の火山特有のブルカノ式噴火(*)だったのに、

「浅間山夜分大焼之図」天明の噴火の様子が描かれている。火口周辺に高温の噴出物が積もっていることがわかる。
(小諸市　美斉津洋夫氏所蔵)

　このときは巨大な噴煙柱を成層圏に達する高さ20kmまで噴き上げるプリニー式の噴火 (*) となりました。その間火砕流 (*) も何回か発生しています。

　このときは、中山道の宿場町であった軽井沢まで赤熱した噴石が飛んでくる状態になり、火災が発生したり、積もった軽石や火山灰の重さでつぶれる家も出てきました。軽井沢の住民はこの状況でパニックに陥りました。江戸（東京）でも、降ってくる火山灰で暗くなるほどだったといいます。浅間山から30kmほど離れた高崎あたりでは、5cm～10cmの火山灰が降り積もりました。

　しかし、本当に大変な事態は山の北側で起きていたのです。鬼押し出し溶岩が北方向に流出し、ゆっくりゆっくりと山腹を下り始めました。ついで、吾妻火砕流が鬼押し出し溶岩の両側に流れ下りました。その後もさらに流れ続ける鬼押し出し溶岩は、今の鬼押出し園あたりにあった柳井沼に達して大音響とともに爆発を起こしました。高温の溶岩と水が触れることによって起きた水蒸気爆発（マグマ水蒸気爆発）です。

1783年　浅間山の天明の噴火

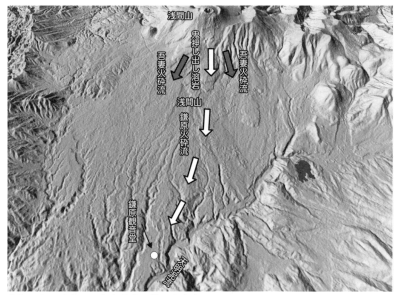

鬼押し出し溶岩と吾妻火砕流、鎌原火砕流。
陸域観測技術衛星だいち（JAXA）のデータをもとに、カシミール 3D で作成したものに加筆。

　そして、この爆発の衝撃で山崩れが発生しました。これが鎌原火砕流です。この鎌原火砕流は、溶岩の破片・火山ガス、そして粉砕されたまわりの岩石と一団となった岩屑流（土石流）となって鎌原村をほぼ埋めつくし、さらには吾妻川になだれ込んで天明泥流となりました。その泥流は 3 時間後には利根川にまでも流れ下って、利根川でも大洪水を引き起こしました。

　この洪水は遠く当時の利根川河口であった江戸や、今の河口である銚子にも達しています。この洪水による流死犠牲者は 1600 人以上といわれています。江戸にも流死体（人も家畜も）がたくさん流れ着き、また川に流されている家の屋根に人が乗ったまま海へと流されて行ったという状況も目撃されています。東京の葛飾区には、この災害犠牲者に対する供養碑が建てられています。

　このとき流れ出した土砂の総量は 1 億 m^3（東京ドーム約 800 杯分）と見積もられ、その約 1/4 が河床に堆積したと考えられています。こ

のため河床が上昇してしまい、吾妻川・利根川の沿岸は噴火の後の長い間、河川の氾濫(噴火の二次災害)に悩まされることになりました。

　この鎌原火砕流で、麓の鎌原村はほぼ壊滅しました。597人の村民のうち、助かったのは100人少しでしかありませんでした(犠牲者466人～477人、生存者93人という資料もあります)。助かった人たちは、村の中の高台にあった観音堂に駆け上ることができた人たちでした。現在は15段の階段しかない観音堂ですが、発掘調査によりもともとは50段の階段(高さ5～6m)だったことがわかり、さらにその階段の下で二人の女性の遺骨が発掘されました。一人は中年の女性、もう一人は老人女性でした。おそらく母をかばいながら(母を背負いながら?)階段の下まで来たが、階段を登る寸前に火砕流に巻き込まれた親子ではないかと想像されています。

現在の鎌原観音堂。全50段中、現在の15段が残った。

わずかに残った人たちでも、家も畑も失った生存者たちの救済に尽力したのが、近隣の大笹村の名主黒岩長左衛門たちでした。現地での再建を希望する生存者たちに長左衛門たちは、「生き残ったものは皆家族」として、親を失った子と子を失った親を親子とし、また妻を亡くした夫と、夫を亡くした妻を夫婦として縁組みをさせて村の再建に当たらせることとしました。噴火後に被災地の実地検分に来た幕府勘定奉行吟味役根岸鎮衛（しずもり、九郎左衛門）[*]は、「まことに非常時における有力百姓の対応は興味深い」という感想を述べています。

　このような大災害をもたらした1783年の浅間山の天明噴火ですが、火山噴火の規模としてはそれほど大きなものではありません。この噴火の被害を大きくしたのは鎌原火砕流です。それはマグマ起源のものばかりではなく、山崩れによる岩屑流を伴って規模が拡大したこと、そして運悪くその火砕流・岩屑流がちょうど鎌原村全体を飲み込む形で流れ下ったこと、さらにその火砕流・岩屑流が吾妻側・利根川で泥流となり洪水を引き起こしたこと、これらがすべて合わさって被害を大きくしたのです。この噴火によるマグマの噴出量は2億m^3と見積もられています。これは1914年の桜島の噴火（大正大噴火）の20億m^3の1/10、また富士山の1707年の噴火（宝永の噴火）の7億m^3の1/3にもならない規模なのです。たしかに噴煙は成層圏まで達して、火山灰はジェット気流に乗って地球を回ったのでしょうが、地球の気候に影響を与えるほどではありません。東北でも火山灰は降り積もりましたが、その量は大変に少ないものでした。つまり、その年に東北地方で悲惨な状況となった「天明の大飢饉」の直接的な原因とは考えにくいのです。

　この1783年には、アイスランドのラキ火山（ラガキガル）の大噴火がありました。北半球の冷夏の原因としては、こちらの方が可能性が高いのです。ラキ火山の噴火による噴出物の総量は160億m^3といわれ、これはじつに浅間山天明噴火の80倍もの量になります。1914年の桜島の噴火（大正大噴火）に対しても8倍です。近くの火山グリムスヴォトン火山が同じころに噴火したことも合わせ、アイスランド

は人口の1/3が犠牲になってしまうほどのものでした（死因は火山ガスなどによる直接的なものばかりではなく、大部分はその後の飢饉や疫病によるものです）。

　浅間山の天明の大噴火は、社会の安定した江戸時代における噴火なので、記録はたくさん残っています。しかしまだ、よくわかっていないこともあります。その一つは鬼押し出し溶岩の噴出状況です。従来は噴火が収まってきた段階で、頂上火口から静かにあふれ出してきた溶岩と考えられてきました。しかし最近の研究では、噴火で噴き上げられ火口周辺にたくさん降り積もった火山噴出物が、まだ冷え切っていなかったため再溶融してできた"火砕成溶岩"が流れ出したという可能性が強くなってきました。噴火のあとに描かれた浅間山噴火の図には、たしかに頂上のまわりにたくさんの赤熱した噴石が降り積もっている様子がわかるものがあります（92ページの図を参照）。ただし、組成的には安山岩の溶岩と同じものです。

　もう一つよくわかっていないのは鎌原火砕流です。上に書いたシナリオ以外にも、火砕流は鬼押し出し溶岩流出の直後に頂上で発生し、そこから降りてくる途中で岩石を巻き込んだというものなど諸説あります。噴火直後に実地検分した根岸鎮衛も、「山頂か山腹かどちらから噴出したものか判然としない」と報告しています。

* 　安山岩質マグマなどのマグマの種類と性質は292ページ。
* 　ブルカノ式噴火：安山岩質マグマのようにマグマの粘性が高いと、マグマだまりから火口へのマグマの通り道である火道を塞ぎやすく、そのためマグマだまりの圧力が高くなって爆発的な噴火となります。火口から噴煙を高く噴き上げ、大量の火山礫、火山灰、火山弾などを放出するタイプの噴火です。溶岩や火砕流を伴うこともあります。日本ではこのタイプの火山が多く、浅間山や桜島が典型的なブルカノ式噴火をする火山です。名前の由来はイタリアのブルカノ（ヴォルカーノ）火山で、この火山の名は英語の火山 volcano の語源ともなっています。
* 　プリニー式噴火：ブルカノ式噴火よりもさらに爆発的な噴火です。火口から成層圏（高さ十数km以上）に達するような巨大な噴煙柱を噴き上げ、また大量の軽石、火山灰を噴出します。火砕流を伴うことも珍しくはありません。安山岩質マグマやデイサ

イト質マグマよりも粘性がさらに高い流紋岩質マグマの火山で起きやすい噴火形式ですが、安山岩質やデイサイト質マグマの火山でもこのタイプの噴火を起こすことがあります。

79年にイタリアのポンペイの町を全滅させたベスビオ（ヴィスーヴィオ）火山の被災者救援にあたり、殉職したローマ帝国の軍人であり、博物学者でもあったプリニウス（大プリニウス、22年？〜79年）がこの噴火記録を残したために、彼の名が付いた噴火形式になりました。死ぬ直前に甥のプリニウス（小プリニウス、61年〜112年）に噴火の記録を送っていたため記録が残ったのです。

* 火砕流については217ページ。
* 根岸鎮衛（1737年〜1815年）：勘定奉行、南町奉行を歴任した江戸幕府の高官ですが、さばけた人柄だったようです。彼は噂話、珍しい話、不思議な話、奇妙な話を聞くのが大好きで、それを書きためたのが「耳袋（耳嚢）」です。岩波文庫や平凡社東洋文庫などで読むことができます。天明の噴火時は勘定奉行吟味役（幕府の財政・民政を司る役所で奉行に次ぐ地位）であり、幕府もお金を出した浅間山復興事業の巡検役（実地調査・監査役）として現地に出向いたのでした。

1783年〜88年

天明の大飢饉。

1792年　島原大変肥後迷惑群発地震と雲仙普賢岳の噴火・津波

雲仙普賢岳で起きた地震（最大5月21日北緯32.8°、東経130.3°、M6.4）と噴火です。地震と火山噴火の複合災害といえる出来事でした。異変は前年11月の群発地震から始まりました。そして1792年2月半ばには雲仙岳山頂付近からの噴火（噴煙・土砂の噴出）も始まりました。はじめは驚いた住民も、少し落ち着くと噴火を見に山に近づくものも多く出て、さらにそれを目当てに物売りまで出る状況になったので、奉行所からは物見遊山禁止令も出たほどでした。そうした中、2月末からは北斜面の2ヵ所から溶岩の流出も始まりました（古焼溶岩流と新焼溶岩流の流出）。雲仙岳の溶岩は安山岩質からデイサイト質（二酸化ケイ素含有量55.3%〜66.6重量%）なので、非常にゆっくりとしか流れません（このときは1日で30m〜35m程度）。だから溶岩に

近づいてもそれほど危険ではありません。そこで、奉行所の禁止令をものともせずに、また見物人が集まる状況となりました。

　4月末には再び群発地震が始まり、4月21日から22日にかけて島原では震度6、守山で震度5の揺れとなる地震が8回も起きました。さらに地割れを起こした場所も出るようになりました。

　地震の強い揺れによって眉山で土砂崩れが発生しました。さらに、29日の強い揺れで、眉山の中腹がさらに200mほどずり落ちました。ただ、このころまでには新たな溶岩の流出は止まっていました。新焼溶岩は幅220m〜360m、全長2.7km、体積は$2 \times 10^7 \mathrm{m}^3$（0.02億$\mathrm{m}^3$、東京ドーム16杯分）に達しました。

　その後少し落ち着いていたのですが、5月21日午後8時ころに発生したM 6.4（島原での震度は6程度）の地震によって、不安定になっていた眉山の東斜面が大崩壊してしまいました。なだれ落ちた土砂は島原の城下町南半分を飲み込み、さらに海にまで流れ出して海岸線を最大1kmほど押し出し、さらに海中に達した岩塊は九十九島(*)という岩礁群をつくりました。崩壊した土砂の量は0.44億m^3（東京ドーム355杯分）にもなったと見積もられています。

　海になだれ落ちた土砂の衝撃で発生した津波は有明海、島原湾一体

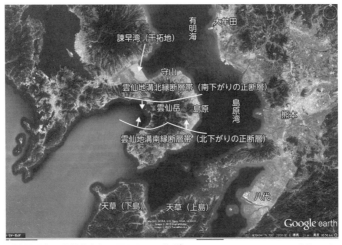

（地震調査研究推進本部の図をもとに作成）　　　©Google

1792年　島原大変肥後迷惑群発地震と雲仙普賢岳の噴火・津波

「嶋原地震」
雲仙普賢岳の噴火、溶岩流、眉山の崩壊と九十九島の形成、さらに有明湾一帯を襲った津波（とくに対岸の肥後で大津波）の様子が描かれている。
（公益財団法人 永青文庫所蔵）

を襲い、とくに島原湾の対岸にあたる肥後（現熊本）では高さ10m以上にもなりました。遡上高は20mを超えたところもあります。大きな津波は3波（最大のものは第2波目）ですが、対岸で反射した津波が戻ってきたりもするので、有明海・島原湾での津波はなかなか収まりませんでした。

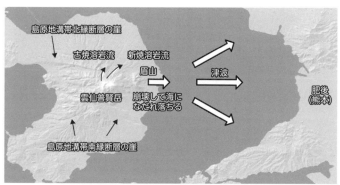

陸域観測技術衛星だいち（JAXA）のデータをもとに、カシミール3Dで作成したものに加筆。

島原湾を挟んだ対岸の熊本では、地震の揺れもそれほど強くなかったので、住民たちはまったく警戒していなかったし、また当時は真っ暗になる午後8時ころという時間帯でもあったので、状況がまったくわからないままいきなり津波に飲まれたことになります。翌朝登城する武士たちがその惨状を初めて見て驚いたというような状況でした。

島原城下でも大勢の犠牲者が出て、また逃げ出す人たちで大変な混乱となりました。ただ、山腹から大量の水が湧き出してきたため、飲み水には困らなかったといわれています。

熊本での犠牲者は約5000人、島原・天草では約1万人、合計1万5000人という空前の大惨事になりました。島原で天変地異が起こり（島原大変）、肥後で大被害（肥後迷惑）ということで、この5月21日のできごとは島原大変肥後迷惑と呼ばれています。

この雲仙普賢岳周辺の地震・噴火活動も7月半ばの噴火を最後に収束しました。

この島原大変肥後迷惑の原因については、じつはよくわかっていな

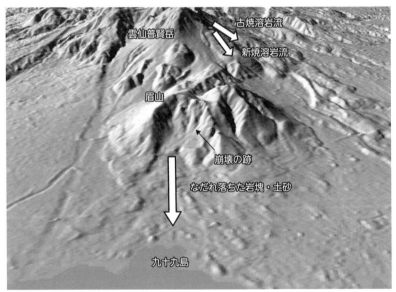

陸域観測技術衛星だいち（JAXA）のデータをもとに、カシミール3Dで作成したものに加筆。

いのです。M6.4の地震が引き金になったことは確かなようです。しかし、津波（海水）は熊本で熱く、守山でぬるかったという証言もあるので、眉山（古い溶岩ドーム）で火山性の熱水噴出があり、そのために地滑りが起きた可能性もあります。その地震も、断層の活動（別府－島原地溝帯に位置するので活断層がたくさんある）によるものか、あるいはマグマの活動による火山性の地震（地下深くからマグマだまりに新しいマグマが供給されてマグマだまりが膨張する、あるいはマグマが移動するなどで地震が起こる）によるものなのか、詳しいことは断定できる段階ではありません。いずれにしても、地溝帯という張力場が地震を起こし、マグマを発生させているともいえるでしょう。

*　　長崎県の西海岸。佐世保から平戸沖の群島の九十九島は、読みが「くじゅうくしま」です。

1793年　陸前・陸中・磐城で地震　M8.2クラスの巨大地震。

1801年　鳥海山噴火　溶岩円頂丘を作る。

1802年　佐渡で地震　M6.5～7.0　犠牲者19人。

1804年　羽前・羽後で地震（象潟地震）　M7.0　犠牲者300人以上。松島のような景勝地が隆起。

1804年　樽前岳噴火　犠牲者多数？
～17年

1810年　羽後で地震　M6.5　犠牲者57人。

1813年　諏訪之瀬島噴火　全島民避難。

1819年　伊勢・美濃・近江で地震　M7.3　犠牲者75人。

1822年　有珠岳噴火　山頂噴火　1村全滅。

1823年 陸中岩手山で地震　M5 3/4〜6　犠牲者73人（山崩れによる）。

1828年 越後で地震　M6.9　犠牲者1443人以上。液状化が見られた。

1830年 京都及び隣国で地震　M6.5　犠牲者280人。
阿蘇山噴火　朝間山（噴石丘）形成。

1833年 美濃西部で地震　M6 1/4　犠牲者11人　根尾谷断層近く。
羽前・羽後・越後・佐渡で地震　M7 1/2　犠牲者140人（うち津波で100人）。

1835年 仙台で地震　M7.0
三宅島噴火　溶岩流。

1839年 釧路・厚岸で地震　M≒7.0

1843年 釧路・厚岸で地震　M≒7.5　犠牲者48人。津波あり。

1847年　善光寺地震　M7.4

　5月8日に善光寺平（北緯36.7°、東経138.2°）で起きたM7.4の善光寺地震です。M7クラスの地震は、内陸で起こる最大クラスの地震です。地震調査研究推進本部は震源断層を長野盆地西縁断層帯としています。長野盆地西縁断層の断層面は西側に傾斜し、西側が隆起し東側が沈降する逆断層です。このときの被害は、断層の西側の方がひどかったことを考えると、東西が同じように隆起・沈降したのではなく、おもに西側だけがガタッと数m隆起したと思われます。この断層は今日の長野市内（長野県庁から信州大学教育学部にかけて）でも見られます。

　北の高田（上越市）から、南は松本に至るまで被害が出ています。とりわけ長野盆地（善光寺平）では大きな被害が出ています。善光寺は、本堂付近は揺れに耐えましたが、門前町では多くの建物が倒壊し、

また後に発生した火災で焼失してしまいました。善光寺本堂では、この地震の際に落下した釣り鐘が柱につけた傷だとか、あるいはねじれてしまった柱などがまだ残っています。

　犠牲者は、激しい揺れによって倒壊した建物による圧死、次いで発生した火災による焼死で、8000人から1万2000人になるといわれています。運が悪かったのは、ちょうど善光寺が「御開帳」（7年に一度、「前立本尊」が本堂に迎えられ、人々が参拝できるようになる期間）だったため、いろいろなところから集まった参拝客が宿泊していたのです。地震が起きたのは午後8時ころです。当時はろくな明かりもなく、また行灯などの火は逆に火災の原因ともなりました。泊まりがけで参拝に来ていた多くの人たちは、土地勘のない土地で逃げることもできずにいるところを、火に巻かれて犠牲になったのでした。何千人と訪れ

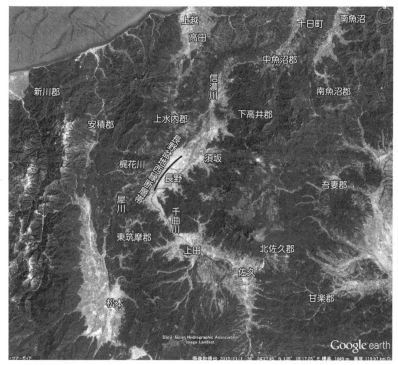

長野盆地西縁断層帯。
（地震調査研究推進本部の図をもとに作成）　　　　　　©Google

ていて宿泊していた参拝客のうち、助かった人は一割程度だという話も伝わっています。

　ただ、これだけの被害状況ならば、地震によるものとしては日本の各地でこれまでも何回も起きてきたし、これからも起こることでしょう。この地震の被害で特徴的なことは、地震によって発生した水害です。地震の強い揺れで、山間部では至る所で山崩れが発生しました。なかでも信濃川の上流である犀川（信濃川は長野で千曲川と犀川に分かれ、犀川の上流はさらに梓川となり上高地に達します）、また犀川の支流である裾花川で著しいものがありました。

　最大の山崩れは犀川上流、現在の国道19号水篠橋付近、犀川右岸の虚空蔵山（岩倉山）で発生しました。犀川になだれ落ちた岩石・土砂は高さ70m近い高さのダムとなって犀川をせき止めてしまったのです。雪解け水で水量が増していた犀川の水はどんどんたまり、巨大

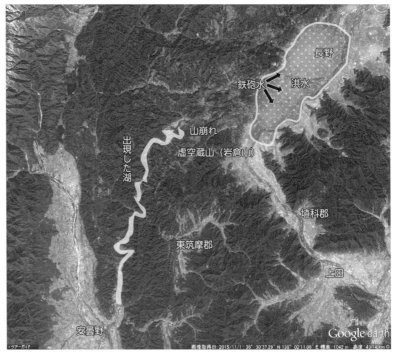

地震後に出現した湖とダムの結果による洪水。　　　　　©Google

な湖となっていきます。その湖の最大時には、長さ30km程度、面積は11.34km²（諏訪湖の面積に匹敵）、貯まった水の量（湛水量）は、2億5000万m³（高さ186mの黒部第4ダムの貯水量は2億m³）になったといわれています。

崩落した土砂・岩石が作ったもろいダムは貯まった水の圧力に耐えられずに、地震の20日後の5月28日に決壊しました。貯まっていた水は鉄砲水（山津波）となって一気に犀川を駆け下り、善光寺平を水浸しにしてしまいました。鉄砲水は犀川が善光寺平に出るところでは高さ20m、千曲川との合流地点でも6m、はるか下流の長岡でも

崩れ落ちた土砂が川をせき止め巨大な湖ができる。

川をせき止めた土砂が決壊して下流を鉄砲水が襲う。

「信濃國大地震山川崩激之圖」
（早稲田大学図書館所蔵）

1.5mの高さがあり、24時間後には新潟に達したといいます。善光寺平の田畑に今日も散在する巨石は、このときに流されてきたものなのです。

ただ、当時この地の大部分を領地としていた松代藩内（真田家が藩主）での洪水による犠牲者数は100人程度ともいわれています。洪水の規模のわりに犠牲者が少ないのは、ダム決壊を予想した松代藩が下流一帯に緊急連絡体制を敷いていたからだといわれています。もちろん当時は防災無線、携帯電話などがない時代です。緊急の、そして一番速い連絡手段は、ダムに異常が生じ始めたら狼煙（火を焚いてその火や煙で連絡をする）で下流に知らせるというものでした。

このように、善光寺地震は建物の倒壊、火災、水害と3種類の災害をもたらし、犠牲者は土葬、火葬、水葬で弔われたなどといわれています。

ではもし、今日このような土砂崩れによるダムができたらどうでしょうか。重機を使えば水路くらいは確保でき、水がたまらないようにできると思うかもしれません。しかし、こうした強い揺れの後の谷筋では、至る所で山崩れが発生して道路が寸断されていることでしょう。つまり、重機を現場に持ち込めない可能性が高いのです。あるいはまた別なことを考えると、すでに水を蓄えているダムが地震の揺れで決壊する、あるいはダムは揺れに耐えてもその上流で大規模な土砂崩れが起き、その土砂がダム湖になだれ込んだら、ダムに貯まっていた水は一気にダムからあふれ出て下流を襲うことでしょう。今の日本で、おもな川にはほとんどみな上流に大きなダムがあります。だから、今日でも善光寺地震のときのように、地震に伴う水害ということも起こりうることなのです。

1853年 米使ペリー浦賀来航。

1853年 小田原付近で地震　M6.7　犠牲者24人。

1854年 7月9日 伊賀・伊勢・大和及び隣国で地震　M7 1/4　犠牲者1500人以上。木津川断層。

1854年
12月23日　南海トラフで地震（安政東海地震）　M8.4
南海トラフで発生した巨大な双子地震①

　12月23日に東海・東山・南海諸道（震央北緯34.0°、東経137.8°）を揺らしたM8.4の安政東海地震が起きました。被害は関東から近畿に及び、沼津から伊勢湾、さらに甲府でもひどいものでした。津波は地震後数分から1時間程度で房総から高知を襲い、とくに伊豆半島西部から紀伊半島東部で波高5m以上の大津波となりました。この津波で、総数2000人から3000人の犠牲者が出ました。

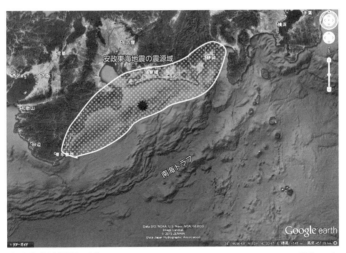

安政東海地震震源域。　　　　　　　　　　　　　　©Google
震源域が駿河湾内に入り込んでいることに注意。

　また、この地震による地殻変動も顕著で、浜名湖から三浦半島までは最大1m程度隆起し（清水港はこの隆起で使えなくなりました）、一方、浜名湖北岸では沈降しました。

この地震はユーラシア大陸と、その下に潜り込むフィリピン海プレートとの境界で起きたプレート境界型（海溝型）の地震であり、震源断層は低い角度の逆断層です。震源域は南海トラフの東端まで伸びて、駿河湾まで入り込んでいます。駿河湾内の相模トラフが震源域になったのは、今のところこの地震が最後です。だからこの地域では、1854年の地震以降現在まで160年以上着々とエネルギーを蓄え続けていると思われています。なお、南海トラフの巨大地震の起き方については「南海トラフ西部の巨大地震」の175ページ以降を参照。

　この地震の際、たまたま日ロ和親条約締結交渉のため伊豆下田港にロシアの軍艦ディアナ号（船長プチャーチン）が停泊していました。ディアナ号は津波により大破し、修理のために伊豆の戸田へ曳航中に沈没してしまいました。でも、乗組員は沿岸の漁民たちによって全員無事に救助されました。プチャーチンは幕府の許可を得て、戸田湊で代船を建造することになりました。設計はロシア側がおこないましたが、協力した代官江川太郎左衛門(*)を中心に集められた船大工、鍛冶たちが洋式船建造の技術を学ぶ機会となったのです。

* 江川太郎左衛門（江川英龍1801年〜1855年、江川英敏1839年〜1862年）：江川家は世襲の伊豆韮山付近の代官で、代々太郎左衛門を名乗っていました。中でも英龍が一番有名で、洋学を導入し、海防にも力を入れました。また、海防のための大砲製作の材料となる良質の鉄をつくることができる「反射炉」を建設し始め、子の英敏がそれを受け継ぎ完成させました。英龍はディアナ号事件の対応の激務の中53歳で急死してしまいました。

1854年 12月24日　南海トラフで地震（安政南海地震）　M8.4
南海トラフで発生した巨大な双子地震②

　12月24日(*)の午後、畿内・東海・東山・北陸・南海・山陰・山陽道（震央北緯33.0°、東経135.0°）を揺らしたM8.4の安政南海地震です。安政東海地震のわずか32時間後に発生した双子地震ともいえ

1854年 12月24日 南海トラフで地震（安政南海地震）M8.4

る地震です。この地震はゆったりとした揺れから始まり、だんだん激しくなってきたといわれています。震源域が広い地震の特徴かもしれません。被害は中部地方から九州に及びますが、近畿地方や、さらに2日後にM7クラスの豊予海峡地震にも襲われた豊後（大分）、伊予（愛媛）では、これらのそれぞれの地震による被害区別が困難です。たぶんそのために『理科年表』には犠牲者数は出ていません。実際には大勢の犠牲者が出たものと思われます。

津波は伊豆半島から九州までに渡って来襲しましたが、とくに紀伊半島西部から四国にかけては、場所によって波高10mもの大津波になりました。さらに、大阪湾にも高さ2mを超える津波が押し寄せています。

地殻変動も顕著で、潮岬、室戸岬、足摺岬など南に突き出た半島の先端が隆起し、和歌山市や高知市などは沈降しました。こうした傾向も安政東海地震とも似ています。これは、ふだんは潜り込む海のプレートに陸のプレートも引きずり込まれているため陸もゆっくり沈降していますが、地震の際にぴくんと跳ね上がるので、半島の先端・岬が隆起するのです。だから、この傾向は太平洋側に突き出た半島・岬が地震の際に起こす地殻変動の共通点でもあります。

なお、この二つの地震で発生した津波は、アメリカ合衆国の西海岸まで到達しています。ただ、30cm程度の波高なので被害は出ていません。

安政東海地震も、この安政南海地震も、ユーラシアプレートとその下に潜り込むフィリピン海プレートとの境界で発生したプレート境界型（海溝型）の地震であり、低い角度の逆断層が動いたという同じ性質の地震です。

南海トラフは、ある地域（領域）を震源域とする大地震が起こると、その地震の震源域と隣接する領域を震源域とする別の大地震がきわめて短い間隔で起こり、その後しばらく休止期間を取るということを繰り返しています。このことは、宝永の超巨大地震（80ページ）、さらには1944年の東南海地震（160ページ）、1946年の南海地震（173ペ

ージ）の項も参照してください。

　また、四国松山の道後温泉は南海地震と連動して止まることがあるようです。1707 年の宝永の地震のときも、この安政南海地震のときも温泉の湧出が止まり、1 ヵ月後くらいに復活しています。ただ、地震の前に止まるのではないので、地震の前兆とはなりません。

　この二つの大地震を受け、また前年にはペリー来航（黒船襲来）もあったので、幕府は（形式的には朝廷は）元号を寛永から安政に変え

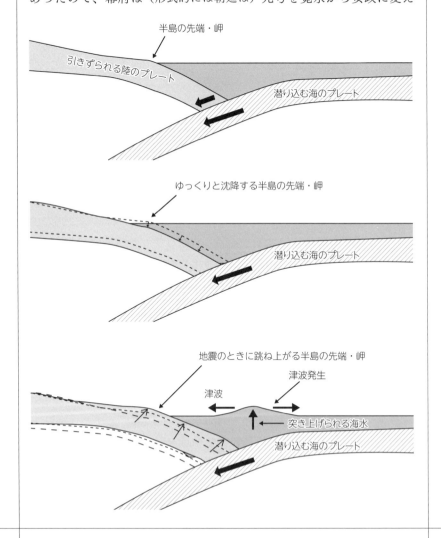

ることにしました。しかし、1855年には安政江戸地震、1856年には安政の八戸沖地震、また北海道駒ヶ岳の噴火、さらに1858年には飛越地震という大地震や噴火がさらに立て続けに起きました。元号改変はあまり役に立たなかったようです。

* 世界津波の日
　国連は11月5日を「世界津波の日」としようという日本の提案を採択しました（2015年12月5日）。この11月5日は、安政南海地震が起きた日の旧暦（1873年、明治6年）になるまで日本が使っていた太陰太陽暦）での日付です。なぜ、わざわざ旧暦の日付を提案したのか、政府の真意はよくわかりません。一説では、新暦12月24日では年末の様々な行事と重なる、とくにクリスマス・イブとの重なりを避けるためではないかともいわれていますが、政府自身がコメントしていないので真偽は不明です。なお、この決議を本会議前に採択した委員会で、日本の大使が後述の「稲むらの火」に言及していました。「稲むらの火」は下の*を参照。
　地震が起きた時刻も、当時は現在のものとは違う不定時法というもので表現されていました。一般にいわれている夕刻に発生したというのは、地震が起きた申下刻（七ツ半）を、現在の時法（定時法）で機械的に16時半に相当するとしたものです。たしかに春分や秋分のころはこれでいいのです。でもそうすると、冬至直後のこの時期での16時半ではかなり暗くなった時刻ということになります。しかし、不定時法は日の出30分ほど前から日の入り30分後までを6等分するものです。現在の和歌山での12月26日の日の出は7時ころ、日の入りは17時ころ、つまり6時半から17時半までの11時間を6等分した長さ、110分が一刻（いっとき）となります。日の入り17時の一刻半前（165分前）なのでおよそ14時15分ころ、17時半から遡っても14時45分ころ、冬至のころでもこの時間はまだかなり明るい時間帯だったことがわかります。つまり、稲むらの火のモデルとなった濱口儀兵衛にとって、彼がいた高台からは海の状況がはっきりと見えていた時間帯に起きた地震だったということになるのです。
　さらに細かいことをいうと、当時の暦では地震が起きたときの元号は嘉永です。しかし、この地震後に元号が安政と改められたので、安政元年＝1854年となり、これらの地震は安政の地震と呼ばれるようになったのです。

* 稲むらの火
　小泉八雲（ラフカディオ・ハーン、1850年〜1904年）の「The LIVING GOD」は、この安政南海地震で発生した津波から村人たちを救った濱口儀兵衛（7代目、1820年〜

1885年)の話がもとになっています。そしてこの話は、小泉八雲の原作を翻案した中村常蔵の「稲むらの火」が1937年以降の国定教科書に採用されて広く広まりました。話は以下の通りです。

　五平衛(濱口儀兵衛がモデル)は、今の和歌山県広川町(紀伊半島の西部)の高台にある自宅でこの地震に遭遇した。大きな揺れではなかったが、ゆったりとした揺れと地鳴りに異変を感じた。高台から見ると、海水が大きく引き始めているのが見えた。しかし下の浜辺にいる村人たちはそれに気がついていない。そこで彼は、自分の田にたくさん積んであり、取り入れるばかりになっていた稲むらに松明でどんどん火をつけていった。夕闇迫る中、火に気がついた寺が早鐘を鳴らす。「庄屋さんの家が火事だ!」と、浜にいた村人たちがいっせいに高台の濱口家を目指す(当時村内に火事があったらともかく駆けつけなくてならないという慣習(掟)があった)。全員が高台に登ってきたとき、下の浜は津波に襲われていた。だが、高台に逃れていた400人もの村人たちは全員無事だった。自分の財産(稲むら)を犠牲にして、自分たちを救ってくれた五平衛に皆が感謝したことはいうまでもない。

　というような話にまとめたものです。海近くで地震に遭遇したら津波を警戒しなくてはならない、すぐに高台に逃げなくてはならないという教訓として、上に書いたように1937年以降小学校の教科書にも載せられていました(一部改変されたもの)。ただ、問題は、津波は引き波から始まるというイメージを植え付けてしまったことにあります。これまで書いてきたように、プレート境界型の地震(逆断層型の地震)による津波は、いきなり押し波から始まる可能性が高いのです。引き波が来てから(海水が引いてから)逃げ出せばよいと考えていると、逃げ遅れることになります。

　小説なので史実とは異なっているのは当然です。まず上に書いたように、津波が襲ってきたのは薄暗くなり始めた夕刻ではなくまだ明るいころでした。さらに地震の揺れも弱くはなく激しいものでした。また稲むら(稲の束)は脱穀前ではなく、新暦では12月24日ですから当然脱穀済みでした(ただし脱穀した後の稲むらも当時は貴重品)。またその稲むらに火を付けたのは何回にも渡って押し寄せてきた津波の様子を偵察に行った(このころには暗くなってきていた)帰りに、道端の稲むらに道しるべとして火をつけたのです(その稲むらの火も津波で流されます)。などいろいろな違いがあります。

　なお、濱口家は現在の千葉県銚子市で代々醤油業(現在のヤマサ醤油)を営んでいた家柄であり、家督を継ぐと儀兵衛と名乗ることになっていました。この話の濱口儀兵衛は7代目になります。

1854年 　12月26日　伊予西部・豊後で地震（豊予海峡地震）　M7.3〜7.5　南海地震の被害との分離難しい。

1855年 　3月18日　飛騨白川・金沢で地震　M6 3/4　犠牲者12人。

　9月13日　陸前で地震　M7.0〜7.5

　11月7日　遠州灘で地震　M7.0〜7.5　安政東海地震の最大余震。

1855年 幕末の江戸を揺らした都市直下型地震（安政江戸地震）　M7.0〜7.1

　11月11日午後10時ころ、江戸（北緯35.65°、東経139.8°）を襲ったM7.0〜7.1安政江戸地震です。いわゆる「都市直下型地震」です。

　『理科年表』では震央を現在の江東区越中島あたりにしています。震度分布はこの震央の東側では同心円状に広がり、西側では狭くなっています。つまり、東京での揺れは山の手で小さく、下町で大きいというものでした。これは地盤が大きく揺れを左右しているということを示します。だから、軟弱な埋め立て地（海沿いばかりではなく、多摩川の古い支流が刻んだ谷などを埋め立てたところなども）で揺れがひどく、被害はそういう所に集中しています。また被害の範囲が狭いこと（局所的であること）が、M7クラスの「都市直下型地震」の特徴でもあります。1995年の兵庫県南部地震も参照してください（228ページ）。

　火災も発生しましたが、幸い風が弱かったために延焼面積は1.5km^2（関東大地震のときの延焼面積は38km^{2}なのでその1/25です）に収まりました。しかし、それでも1万人前後の犠牲者を出しています。人口密集地であったので、地震や火災の規模のわりに人的被害が多くなったのでした。

　まだ地震計のない時代の地震なので、震源の深さ、震源断層の種類（発震メカニズム）などについてはよくわかっていません。東北地方から中部地方までの非常に広い範囲で揺れを感じていますが、深発地震特有の「異常震域」（278ページ）ではないので、震源は、それほど

深くはないだろうという程度のことはわかります。それ以上については下の図のように、①浅い地殻内、②プレート境界型、③潜り込む太平洋プレート内、④潜り込むフィリピン海プレート内などの様々な説があります。

また、この時代になるとニュースを瓦版で伝えることも盛んになってきていて、この地震を伝えるものもたくさん残っています。当時、

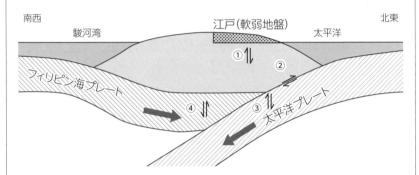

「鯰を押える鹿島大明神」
（国際日本文化研究センター所蔵）

地震は地下の大鯰（なまず）が動くために起きるという話が広がっていたので、ナマズを題材にした「鯰絵」もたくさん出ました。図の瓦版は、悪さをした大鯰を懲らしめている鹿島大明神です。

1856年

8月23日　日高・胆振・渡島・津軽・南部で地震（安政の八戸沖地震）、震動による被害はないが、三陸・北海道東岸に押し寄せた津波で犠牲者約30人。

8月26日　北海道駒ヶ岳噴火　大量の軽石噴出。火砕流も発生。犠牲者19人〜27人。

1858年

4月9日　飛騨・越中・加賀・越前で地震（飛越地震）　M7.0〜7.1　犠牲者203人＋140人（溺死）。飛越地震、常願寺川せき止め・決壊、跡津川断層が動いた。

7月8日　八戸・三戸で地震　M7.3

1868年

明治維新。

第3章

1871年から1950年
（明治時代〜第2次世界大戦直後）

第 3 章　1871年から1950年（明治時代〜第2次世界大戦直後）

1868年　明治維新。

1872年　岩見・出雲で地震（浜田地震）　M7.1　犠牲者550人。
阿蘇山噴火。犠牲者数名。

1874年　三宅島噴火　溶岩流出。1村落全焼。

1877年　チリ地震による津波が太平洋沿岸を襲う。

1880年 横浜で地震　M5.5〜6.0　日本地震学会の創設のきっかけとなった地震。

　横浜で煙突の倒壊が多い程度、または家屋は壁が落ちる程度の揺れでした。東京ではほとんど被害が出ていません。地震そのものについては、とくに大きなものではないし、とくに変わったものでもありません。ただ、この地震は世界で初めての地震学会である「日本地震学会」（1880年創設）ができるきっかけになった地震という意味で特筆される地震なのです。ちなみにアメリカ地震学会創設は、日本地震学会創設から31年後の1911年です。

　明治時代になり、日本政府は欧米諸国に追いつこうと懸命でした。そのために、多くの優秀な学者・技術者を高給で招き寄せました。いわゆるお雇い外国人です。彼らは本国では地震を体験したことがありません。だから、この地震は彼らを大いに驚かせたことでしょう。

　その中の一人にミルン（ジョン・ミルン、1850年〜1913年）がいました。彼は26歳の若さで東大工学部の前身となる学校の鉱山・冶金の主任として赴任していました。当時、ロンドンから東京まで7ヵ月かかったそうです。その来日4年目にこの地震に遭遇したのです。かれは同僚のユーイング（ジェームズ・ユーイング、1855年〜1935年、機械工学）、グレイ（トマス・グレイ、電信工学）らとともに積極的にはたらきかけて、1880年に日本地震学会を創設しました。初代会長は東大の服部一三、ミルンは副会長となりました。最初の会員数は

117人、そのうちお雇い外国人は80人だったそうです。ミルンはその後も地震の研究を続け、「地震ミルン」というあだ名までつけられてしまったほどです。

ジョン・ミルン
（Granger/PPS 通信社）

ユーイングの水平振子地震計
（東京大学地震研究所）

　ミルン、ユーイング、グレイは協力して近代的な地震計を開発していきます。このおかげで1891年の濃尾地震（M8.0、123ページ）、1923年の関東大地震（M7.9、146ページ）などをきちんと地震計で記録できたのです。
　ユーイング、グレイの帰国後もミルンは日本に残り、1891年の濃

尾地震（M8.0、123ページ）の調査にも出向いています。その報告書に有名な根尾谷断層の写真（小藤文次郎撮影、124ページ）が載っています。しかし、濃尾地震の4年後、自宅を火災で失った際にそれまでの様々な資料も失ってしまいます。これをきっかけに、日本で結婚したトネ（堀川トネ、1860年〜1925年、ミルンの死後日本に戻る）を連れて故郷イギリスに戻り、英仏海峡に面するワイト島で暮らして地震の研究を続けることになりました。彼の帰国もあって、日本地震学会は1892年には解散し、1891年の濃尾地震をきっかけにできた震災予防調査会（大森房吉（1868年〜1923年）が幹事）にその座を譲ることになっていきます。日本地震学会の復活は1929年（初代会長、今村明恒）のことになります。

　ユーイングの帰国後、ミルンを助けたのはユーイングの助手として地震計の開発を手伝っていた関谷清景（きよかげ／せいけい、1855年〜1896年）でした。彼は日本初の東京帝国大の地震学の教授になりました（1886年）。惜しいことに彼は、結核の病状が悪化する中、次項の磐梯山の噴火（1888年）や濃尾地震の調査に出向き、その疲れもあって40歳の若さで病没してしまいます。

1888年 磐梯山の噴火　日本初、火山の科学的研究　山体を崩壊させた噴火。

　7月15日、朝の7時ころから山鳴りが聞こえ、7時半ころから小磐梯山山頂付近ですさまじい轟音を伴った爆発的な噴火が始まりました。噴煙は約1500m上昇して傘状に広がり、東に流れて行きました。磐梯山の山麓は降灰のために真っ暗になりました。何回かの爆発の後、北に抜ける大爆発があって山体が崩壊しました。崩壊した山体は岩屑なだれとなって北山麓になだれ落ち、長瀬川などをせき止めました。岩屑なだれによって麓の渋谷村、見祢村などが一瞬にして埋まってしまったのです。これらの集落やその周辺では、岩屑なだれが到着する前に襲ってきた微細粉塵を含んだ爆風（ブラスト、サージ、秒速100m

くらいで襲ってくる）によって、すでに壊滅していた可能性が高いと考えられています。この噴火で山頂部が噴き飛んだといわれますが、このように山体が崩壊したという方が正しい表現になります。

麓を流れる川とぶつかって水を含むようになった岩屑なだれは、火山泥流となってさらに流れ下ります。このために長瀬川水系はせき止められてしまいました。そして、その水はだんだん貯まっていき、やがて、桧原村全体が水没してしまいました。桧原湖、小野川湖、秋元湖、五色沼などの裏磐梯の湖沼はこのときにつくられたものなのです。

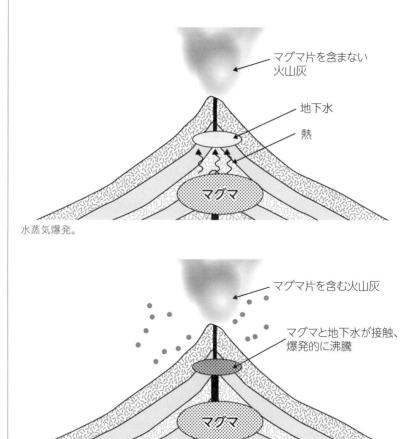

水蒸気爆発。

マグマ水蒸気爆発。

噴出物・岩屑なだれの総量は1.2億m³～1.5億m³（東京ドーム約1000杯分）、犠牲者は461人とも477人ともいわれています。

噴火直後に前述の関谷清景（1855年～1896年）たち、気鋭の地震学者・地質学者たちが調査に入っています。磐梯山は、科学的研究の第一歩となった火山噴火でもあったのです。

磐梯山は安山岩質（二酸化ケイ素含有量56.5%～64.4%）の火山です。つまり、浅間山や桜島の仲間の火山です。古くからブルカノ式噴火と火山崩壊を繰り返してきました。ただ、有史後の確実な噴火は806年しかありませんでした。806年の噴火も1888年の噴火も、マグマが直接には関与していない水蒸気爆発です。水蒸気爆発とは、岩石を通じて伝わってきたマグマの熱によって熱された水が一気に水蒸気になるときの体積変化で爆発になるのです。

火山の噴火には水蒸気爆発（噴出物にマグマ片が含まれず）のほかに、マグマが地下水や海水と直接接触して爆発するマグマ水蒸気爆発（噴出物にマグマ片が含まれる）と、地下から上昇してきたマグマが直接地表に噴出するマグマ噴火があります。

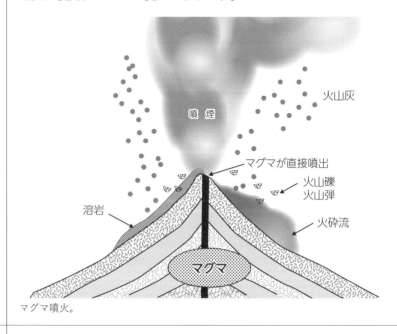

マグマ噴火。

もともと、磐梯山の山頂には温泉があったようです。山頂の地下には温泉水（熱水）がたまっていて、ふつうは圧力がかかっていたので沸騰できなかった熱水が、なにかのはずみで圧力が抜けて一気に水蒸気になって爆発したのかもしれません。

　火山の山体の多くは、これらの図のように溶岩や火山灰の層が積み重なってできています。つまり山体全体が、がさがさの状態なので噴火（爆発）のときばかりではなく、地震、あるいは大雨でも崩れることもあるので、こうしたことにも気をつける必要があります。

1891年 岐阜県西部で地震（濃尾地震）　M8.0　気鋭の学者が集結。震源断層が地表に現れた巨大地震。

　10月28日6時38分、岐阜県西部（濃尾地震）でM8.0の巨大地震が起きました。これは、内陸で起きる地震としては最大クラスのものです。地震の報を受けたミルン（1850年〜1913年、前述）の他、気鋭の大森房吉（1868年〜1923年）や小藤文次郎（1856年〜1935年、地質学を中心に地球科学の幅広い分野を研究した）たちも調査に出向いています。

　震源断層が地表に現れるくらいに震源が浅い地震でした。この震源断層に沿ったところ、また北西側の延長の温見断層沿い、さらに南東の延長の濃尾平野でも大被害が出ています。濃尾平野は木曽川などが運んできた堆積物が分厚く堆積しているので断層の位置がよくわかりませんが、断層は濃尾平野にも続いていると思われます。一方、断層から直角方向に離れると、とたんに被害は小さくなっていきます。こうした被害の状況は、1995年の兵庫県南部地震（阪神淡路大震災、228ページ）の時と同じです。この地震によって全壊した建物は14万軒以上、岐阜市などでは火災も発生し、犠牲者は7273人にも達しました。

第 3 章　1871年から1950年（明治時代〜第2次世界大戦直後）

小藤文次郎が撮した写真。
（MeijiShowa/ アフロ）

　小藤文次郎が撮影した有名な水鳥付近の写真（上）では、垂直方向にも大きくずれた様子が写っていますが、震源断層である根尾谷断層（帯）は全体としては左ずれ断層です。この地震で根尾谷断層は、最大で水平方向に7.6mのずれを生じました。写真の水鳥では、水平方向4m、垂直方向6mのずれになっています。

根尾谷断層。　　　　　　　　　　　　　　©Google
（防災中央会議の図をもとに作成）

根尾谷断層に限らず中部地方の多くの断層では、北西－南東に走るものは左ずれ、北東－南西に走るものは右ずれという共役なものになっています（52ページ）。

小藤文次郎はこの断層の様子を見て、「地震断層説」を唱えましたが（1893年）、彼の直感が正しいと証明されたのはその72年後、1963年丸山卓男論文によってでした。大森たち等当時の学者の多くは、断層ができたのは地面が地震で大きく揺すられたため、すなわち地震の結果断層が生じたと考えていたようです。

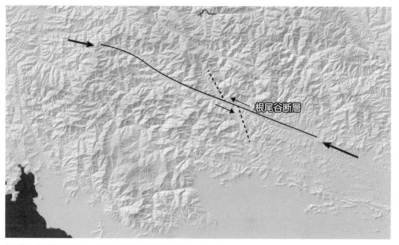

根尾谷断層主要部。矢印の間に断層が走っている。
陸域観測技術衛星だいち（JAXA）のデータをもとに、カシミール3Dで作成した図に根尾谷断層の線を引いた。また谷筋（点線）が左ずれの動きで食い違っていることもわかる。このずれは1回でずれたのではなく、何回もの地震によるずれの累積である。

この地震がきっかけとなって政府は日本地震学会とは別に、震災の防止（耐震建築の研究など）と地震予知を目的とする地震予防調査会を立ち上げることになります。当初は、各分野の学者といろいろな組織のメンバーを集めた総合的なセンターの役割を果たすことが目指されていました。しかし、大森房吉の発言力が強くなり、またメンバーも大森房吉の息がかかった者が多くなると、それに対する批判も出て

きます。決定的だったのは、1923年の関東大震災に対し有効な対応ができなかったことで、1925年に解散となりました。

　なお、1872年に創設された気象庁は、地震観測を業務でおこなっているという珍しい政府機関です。1875年には地震の観測も始め（当初はお雇い外国人ジョイネルの個人プレー的性格が強く、彼は一人で気象観測・地震観測をおこなっていました）、1877年ジョイネルの契約期間満了に伴い、観測も日本人の職員がおこなうようになりました。さらに、1884年には全国での震度観測を開始し、1891年濃尾地震当時は全国に25台の地震計が設置されていたといいます。岐阜測候所に置かれた当時最新鋭の地震計は、初期微動からきちんと記録しています。岐阜県にはさらに東濃（可児郡役所）、と西濃（不破郡役所）にも地震計が設置されていました。これは、1885年ころから岐阜で有感地震が多くなり、それを心配した大垣出身の関谷清景（地震当時は結核療養のため神戸にいました）の尽力が大きかったといわれています。

1894年

3月22日　根室沖で地震　M7.9　津波あり。

6月20日　東京で地震（東京地震）　M7.0　青森から中国四国まで有感。東京下町、川崎、横浜で犠牲者31人。

日清戦争（〜1895年）

10月22日　山形県北西部で地震（庄内地震）　M7.0　被害は庄内平野に集中。犠牲者726人。

1895年

1月18日　茨城県南部　M7.2　北海道から中国四国まで有感。犠牲者6人。

1896年 三陸で地震（明治三陸津波） M8.2　揺れは小さかったのに大津波。

　6月15日19時32分に三陸沖で起きたM8.2の地震です。マグニチュードが8を超える巨大地震ですが、震動による被害はありません。一番揺れが大きかった三陸地方でも震度2～3程度でした。この地震はゆったりとした揺れが長時間（5分以上）続いたという、今から振り返って考えると奇妙な地震でした。ただ当時、それをおかしいと思った人はいなかったようです。ちょうど旧暦の端午の節句で男の子がいる家庭ではお祝い事をやっていた時間でもあり、また前年終結した日清戦争に従軍して故郷に戻った兵士たちの祝賀会も開かれていた時間でもありました。人々が地震にあまり気を向けなかったのは、そうした事情もあったのかもしれません。外は雨交じりのどんよりした夜でした。

　あたりが暗くなったころに地震が起き、地震から30分以上たって大津波が襲ってきました。早いところでは地震の35分後の20時8分に第1波、次いで20時15分に第2波が到達しています。第2波の方が大きかったようです。さらに第3波、第4波と続きました。轟音とともに押し寄せて来たという報告も多く残っています。

　三陸地方は大津波になりやすい特有の地形（リアス式海岸）ということもあり、岩手県綾里での高さ38.2mをはじめ、波高20mを超える津波が他でも多く記録されました。犠牲者は宮城県から北海道に渡って2万2000人以上に達しました。なかでも岩手県だけで1万8000人以上を出しています。津波による死因はたんなる溺死ではなく、津波が巻き込んできたがれきなどの打撃によるものも多かったと報告されています。

　津波は岸から遠く離れた海ではほとんど感じることができません（13ページ）。地震・津波のときに船で沖合に出ていた漁船も多く、朝、大勢の漁師たちが自分の港に戻って初めて惨状を知るという事態になりました。また、雨交じりでまわりがほとんど見えない夜、津波で流

された人たちの助けを求める声を、幽霊船が自分たちを海中に引きずり込もうとしている声だと思い込んでその声から逃げた船もあったといわれています。

　三陸のリアス式海岸のように、奥に行くほど狭くなるV字型をした湾は、湾の奥で津波のエネルギーが集中して大津波になりやすいのです。さらにふつうは、その湾の奥には港があり、つまり集落があるので災害にもなりやすいということになります。三陸地方は、大津波だけでも869年（貞観地震、38ページ）、1611年（『理科年表』では1933年の津波と似ているとしている、また地震調査研究推進本部ではこの明治三陸津波より大きかった可能性もあるとしている）、1677年（海溝型？）、1793年（海溝型？）、1856年（海溝型？）とたびたび襲われています。

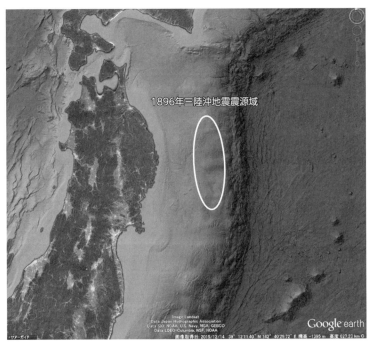

©Google

　また、1730年にチリで起きた地震、1837年も同じくチリで起きた地震、1868年もチリで起きた地震、1877年もチリで発生した津波が

太平洋を渡って三陸地方に襲来しています。またこのあとも、1952年ロシアのカムチャツカ地震による津波、1960年にはチリ地震による津波（180ページ）が日本を、とりわけ三陸を襲っています。

このように、三陸地方は太平洋を横断してきた津波に何回も襲われています。太平洋の対岸のような遠方で発生した地震による津波を遠地津波、近海で発生した地震による津波を近地津波と呼びます。

1896年の地震はM 8.2、つまり震源断層とずれの量が大きいのに震動が弱かったのは、それずれがゆっくりと動いたためであると考えられています。こうした地震であったため、ゆったりとした揺れが長く続いたという特異な地震となったのです。そして、断層がゆっくり動いたために海水を効率的に動かし、大津波を発生させることになったと考えられます。この後、このように揺れのわりには大きな津波を発生させる地震を津波地震と呼ぶようになりました。

この地震は、震源断層そのものはプレート境界型（海溝型）の逆断層ですから、明治三陸津波は押し波から始まった可能性が高いと思われます。しかし、その逆断層が水平面に対する角度が小さい低角衝上

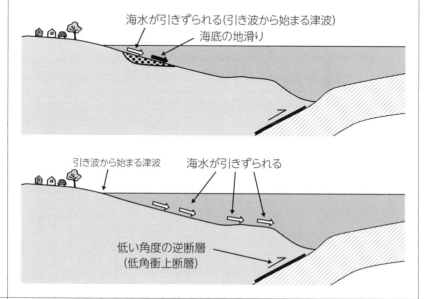

断層だったため、はじめ海水は断層の動きに引きずられて少し沖側に動いて引き波から始まった場所もあるようです。また、地震の揺れによって海底で大規模な地滑りが起こり、それが津波を引き起こすこともあります。このような場合も津波は引き波から始まることになります。

　いずれにしても、海水が突然大きく引き出したら大津波が襲ってくる前触れであることは確かです。でも、津波は必ず引き波から始まるというのは間違いで、いきなり押し波から始まることもあるので気をつけなくてはなりません（112 ページ）。

　なお、津波の成因について、当時の地震学の代表大森房吉（1868年〜1923年、1896年から東京帝大地震学教授）は「流体振り子説」（地震によって海水が振り子のように振られたのが津波）、もう一人の今村明恒（1870年〜1947年、当時は地震学助教授、大森の死後教授）は「海底地形変動説」を唱えました。今では今村説の方が正しいとわかっていますが、当時は大森説の方が有力でした。

1896年
秋田県東部（陸羽地震）M7.2　犠牲者209人。

1902年
伊豆鳥島の噴火　全島民125人が犠牲に。

　8月7日〜10日？に伊豆鳥島が爆発的噴火を起こし、全島民125人全員が犠牲となりました。伊豆鳥島は八丈島の遙か南にある絶海の孤島です。かつては無人島で、たまに船が遭難してしまった漂流漁民たちが流れつくくらいでした。この島に流れついて助けられた漂流漁民の一人にジョン万次郎(*)がいます。

　鳥島は火山島で、半径約 2.7km のほぼ円形の形、面積は 4.7km^2（東京ドーム 370 個、山手線の内側の面積の 1/13 くらい）、最高地点は 394m（海底からだと約 800m の高さ）という小さな島です。このような小さな島に、なぜ 100 人以上の人々が暮らしていたのかというと、彼らはアホウドリ(*)の捕獲をおこなっていたのでした。アホウドリは、翼を広げた長さ（翼開長）が 3m 近くにもなるという大型の鳥です。

1902年　伊豆鳥島の噴火

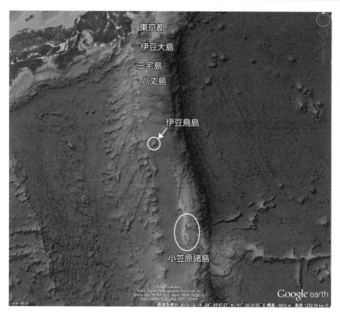

©Google

その長い翼を活かしての滑空が得意で、数百kmはノンストップで飛べるという優れた飛行能力を持っている鳥なのです。しかし地上ではよたよたとしか歩くことができず、おまけに離陸も不得意なので地上にいるときには容易に捕獲できてしまいます。羽毛の品質がいいので、その羽毛を狙われてしまったのです。乱獲により累計500万羽とも、600万羽ともいわれるアホウドリが羽毛のために殺されてしまいました。1902年当時は、まだたくさんいたアホウドリの捕獲が、この鳥島で盛大におこなわれていたのです。

　火山としての伊豆鳥島は、鳥島海山という海底火山のカルデラ縁に噴火した火山で、基盤は玄武岩です。その上に玄武岩からデイサイト（二酸化ケイ素含有量（重量％）46.8％〜74.8％、二酸化ケイ素含有量が多くなるほど爆発的噴火が起きやすくなります）と、噴火のたびに性質がかなり違う溶岩や火山砕屑物が積み重なっています。

　1902年の噴火は、二酸化ケイ素含有量が多いために粘りけが強いデイサイト質マグマによる爆発的な噴火となりました。山頂の子持山

付近（子持山の西側に爆裂火口が開きました）だけではなく、島の南方海上、北海岸でも噴火口が開くという大爆発でした。溶岩の流出はありませんでしたが、爆発の衝撃で崩壊した山体が島の北側の千歳浦の集落を埋め尽くしてしまい、そこで暮らしていた125人全員死亡という惨事となったのです。

じつは8月7日の定期船で一人だけ島を離れたので、島民としてはその人だけ助かったことになります。船が離れるときには島に異常はなく、10日に島近くを通った別の船が噴火を見ているので、激しい噴火は7日から10日の間に起きたことになります。しかし、島に残った人は全員亡くなっているので、これ以上のことはわかりません。

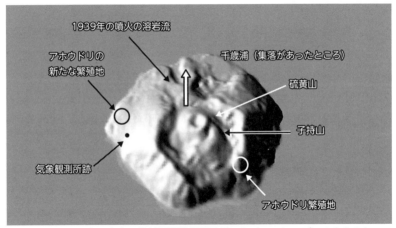

南方上空から見た伊豆鳥島。陸域観測技術衛星だいち（JAXA）のデータをもとに、カシミール3Dで作成した図に加筆。

その後再びアホウドリを求める人たちが移り住むようになりますが、1939年の噴火で気象観測所を残して全員退去となりました。この1939年の噴火は、二酸化ケイ素分の少ない玄武岩質マグマによる比較的穏やかなストロンボリ式噴火でした。噴火で現在の硫黄山を形成し、北側に溶岩を流しましたが、犠牲者は出ていません。

気象観測所も1965年の群発地震によって閉鎖されたために、伊豆鳥島は以後完全な無人島に戻りました。

* ジョン万次郎（中濱萬次郎、1827年～1898年）

　万次郎は土佐の貧しい家の出で、小さいころから家族のために働いていました。1841年（万次郎14歳）、手伝いで乗り込んだ漁船が遭難し、仲間の漁師4人とともに鳥島に流れつきました。彼らはアホウドリを捕まえて食糧とし、143日間島で生き延びました。幸いアメリカの捕鯨船よって発見され、救助されました。4人の仲間はハワイで降ろされましたが、万次郎の頭の良さを見込んだ船長（ホイットフィールド）は、彼だけアメリカ本土に連れ帰ったのです。さらにホイットフィールドは万次郎を養子として、オックスフォード大学卒業まで面倒を見ました。日本では読み書きができなかった万次郎は、猛勉強の努力の結果首席として卒業するまでになりました。大学卒業後、再び船乗りとなった万次郎は、ハワイの仲間とともに日本に戻ることに成功します（1851年）。ただ、開国前後の日本での万次郎の扱いは、薩摩藩、土佐藩、幕府、さらには明治政府によって、あるときは利用され、あるときは忌諱されるという、時の情勢や状況に左右されるものでありました。歴史の流れに翻弄された万次郎は、1870年の病気を機に静かな生活を送ることにして、1898年72歳でこの世を去りました。

* アホウドリ

　もともとは北太平洋に広く繁殖地を持っていたようですが、1900年代初めには小笠原と尖閣諸島のみが繁殖地となってしまっていました。ただ、このころの個体数は大変に多かったようです。アホウドリは天敵もいない鳥島で平和に暮らしていました。ところが、良質の羽毛に目をつけられ、しかも名前の通り容易に捕獲できることで、

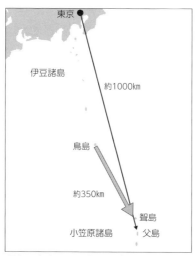

現在、鳥島から小笠原諸島の聟島へのアホウドリの移住も進められている。

19世紀の終わりごろから乱獲が始まりました。1933年にようやく鳥島での捕獲が原則禁止されましたが、1939年の鳥島の噴火の際にはもうほとんどいない状況になってしまっていました。そして、1949年の調査では発見されなかったことから絶滅したと思われていました。ところが1951年の調査で、島の南東の急斜面で繁殖しているアホウドリの群れが発見されたのです。以後、保護活動が始まりました。そして、現在の繁殖地が急斜面の火山灰地で不安定なため、2005年以降気象観測所跡近くに新たな繁殖地としてアホウドリを誘導しました。しかし、鳥島は活動的な活火山であるために、繁殖地のすべてが噴火によって被災してアホウドリが全滅する可能性もあります。そこで現在はさらに、小笠原諸島聟島への移住も進められています。なお、尖閣列島については調査できる状況でないので詳しいことはわかっていません。

1904年 日露戦争（～1905年）。

1905年 安芸灘で地震（芸予地震）　M7.3　犠牲者11人。

1909年 滋賀県東部で地震　M6.8　犠牲者41人。

1910年 有珠山噴火　明治新山形成。

1911年 浅間山噴火　死傷者多数。

1912年 大正時代始まる。

1914年 ## 桜島大正の大噴火「住民ハ理論ニ信頼セス…」

　桜島の有史以降の噴火としては、文明の噴火（1471年～1476年、マグマ噴出量8億m³）を上まわる規模のものであり、安永の噴火（1779年～1782年、噴出物総量20億m³）に匹敵する大噴火（噴出物総量20億m³）でした。有史以降の日本の火山噴火としても、浅間山の天明の噴火（1783年、マグマ噴出量2億m³、91ページ）よりはるかに規模が大きく、富士山の貞観の大噴火（864年～866年、マグマ噴出量12億m³、133ページ）や宝永の大噴火（1707年、マグマ噴出量7億m³、82ページ）以上の大噴火だったといえるものです。

　噴火の前年から有感地震が多くなり、さらに噴火の1～2ヵ月前くらいから島の集落でも地下水の異常が認められるようになってきま

1914年　桜島大正の大噴火

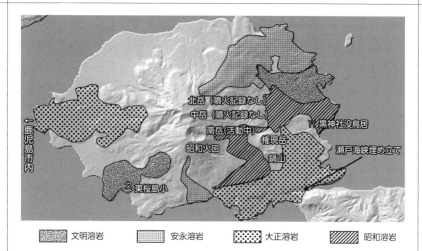

桜島を覆う溶岩。陸域観測技術衛星だいち（JAXA）のデータをもとに、カシミール3Dで作成した図に加筆。

した。そして、1月10日から地震がさらに増え、12日の朝には島の南海岸で熱湯も噴出してきました。

　1月12日10時ころ、西側中腹（標高350m）と山頂（南岳）で大音響とともに噴火が始まりました。さらに続いて南東側中腹（標高400m）からも噴火しました。噴火は13日がクライマックスで、そのプリニー式噴火の噴煙は高さ10000mにも達し、山腹に開いた二つの火口から安山岩の溶岩の流出が始まりました。西側に流れ出した溶岩は海に達して海岸線を押し出し、当時あった沖合の島（烏島）を飲み込んでしまいました。また、南東側に流れ出した溶岩は有村・瀬戸の集落を埋め、さらに1月29日には幅300m〜400m、最大の深さ80m近くもあった瀬戸海峡も埋めて、桜島を現在のような大隅半島と陸続きにしてしまったのです。

　噴出物も大量で、麓の集落まで赤熱した火山弾が飛んできて火災を発生させ、また火砕流も何回か起こしていくつかの集落を壊滅させています。さらに風下側になった島の東側、さらには大隅半島の西側では住宅の二階までもが埋まるほどの軽石・火山灰が降り積もりました。

この噴火で放出された火山灰は仙台まで届いています。ただ、噴火当時の桜島の東側の状況は、火山灰でまったく見えなくなっていたのでよくわかっていません。

大隅半島牛根麓の埋没鳥居。
3.7mの高さの鳥居が完全に埋没していたが、ここまで掘り出された。

　さらに12日18時29分にはM7.1の地震も発生し、鹿児島市を中心に大きな被害を出しました。結局これらによって犠牲者は58人（うち地震で35人、29人という説もある）に達し、さらに埋没・焼失した家屋は2000戸以上、農作物にも大打撃を与えることになりました。
　噴火は1月26日ころには収束し、溶岩の流れも月末には止まりました。ただその後も、溶岩の末端からまだ固まっていなかった溶岩が外の殻を破って、二次溶岩として少し流れ出すようなことはありました。
　噴火が収束した後も、周囲では降り積もった火山灰が大雨のたびに土石流を引き起こすことになり、住民は長い間悩まされることになりました。
　桜島は、現在の鹿児島湾の最奥にあった姶良火山（18ページ）が2

万9000年前に大噴火してできたカルデラの縁にできた火山です。現在の桜島のマグマだまりも、桜島の真下にあるのではなく、円形を作る鹿児島湾最奥の真ん中の海底の地下にあります。その海底からは現在も火山ガスが噴き出てきていて、また、大きな噴火が近づくとそこを中心に隆起し、大量のマグマを噴出するとそこを中心に沈降するということを繰り返しています。

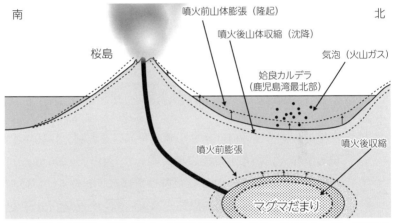

マグマだまりは桜島の真下ではない鹿児島湾最北部にあり、そこからマグマが供給されている。

　桜島のマグマは安山岩質からデイサイト質（二酸化ケイ素含有量（重量%）56.5%〜67.2%）であり、かなり粘りけが強いためにごくゆっくりとしか流れません（せいぜい時速数百m）。もっとも、富士山の宝永の噴火（82ページ）のときほどの劇的な変化ではありませんが、この大正の噴火でも、初期段階では62%程度だった二酸化ケイ素含有量が末期には少し減って59%程度になっています。

　桜島が大量の溶岩を流すときは、多くは同じような高さの山腹の2ヵ所の噴火口からです。おそらく、弱線（もともとある割れ目）に沿ってマグマが板状に上昇し、それが地表に到達した箇所から噴火するのだと思われます。それは、マグマだまりの圧力が、マグマを頂上火口まで押し上げるほど高まらないからだと考えられます。

第 3 章　1871年から1950年（明治時代〜第2次世界大戦直後）

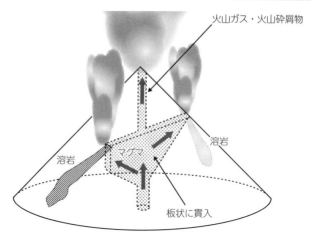

マグマが板状に貫入するので、山腹の両側に火口が開いてそこから噴火する。

　桜島はその後、何回かの小噴火を起こした後、1946年には南岳南東の昭和火口から中規模の噴火（マグマ噴出量 0.096 億 m^3）を起こしています。そして、1955年以降はほぼ毎日といっていいくらいの噴火を続け、毎年何回かの爆発的噴火（ブルカノ式噴火）を起こしているという、世界的にも珍しい非常に活発な火山です。1955年の噴火再開後、しばらくは南岳が噴火の中心でしたが、2006年以降の噴火の中心は昭和火口になっています。

　1914年の噴火の際、だいぶ前から異変が生じていて、とくに数日前からそれがひどくなってきたため、住民たちは不安を増大させていました。そして、一部の住民たちは自主的に避難を始めました。当時の東桜島村長は、気象台（現気象庁）の鹿児島測候所（所長：鹿角義介）に何回も問い合わせていましたが毎回、「地震は桜島ではないので噴火の心配ない」との返事でした。そこで村長は、村民たちに「避難の必要はない」と説いて回ったのです。そのとたんの大噴火でした。本人はかろうじて助かりましたが、直属の部下をはじめ、村民に犠牲者が出てしまいました。のちに、その無念の思いを込めて作ったのが「桜島爆発記念碑」です（実際の碑の建立は次の村長の代になります）。現在は東桜島小学校の校庭の片隅にひっそりと置かれている桜島爆発

1914年　桜島大正の大噴火

東桜島小学校の校庭の片隅ある「桜島爆発記念碑」(右奥)。この碑に「住民ハ理論ニ信頼セス…」の碑文(*)が刻まれている。

　記念碑の碑文には、「住民は理論に信頼せず、異変を認知する時は未然に避難の用意、もっとも肝要とし」(原文はカタカナと漢字)とあり、村長の痛恨の思いが込められています。

　もっとも、責任を測候所所長の鹿角義介一人に追わせるのは酷なことです。粗末で旧式な地震計1台で孤軍奮闘し、地震が多発するなか、それでも懸命に地震計の記録を読んでいたのです。でも、地震の震源を陸上(鹿児島市北部)と推定してしまったのでした。これは、前年から続いていた霧島の噴火があったために、震源は桜島ではないという先入観にとらわれてしまったのかもしれません。また責任ある知識人として、住民をむやみに不安がらせてはならないと思ってしまったのでしょう。結果は皮肉です。桜島でも測候所の安全宣言を信頼した村長たち知識人たちが逃げ遅れたのでした。彼の悔いは、測候所での観測にとらわれすぎて、現地調査をおこなわなかったことだということだそうです。

*　碑文の原文は「住民は測候所を信頼せず…」だったらしいのですが、それではあま

第 3 章　1871年から1950年（明治時代〜第2次世界大戦直後）

現在も活発な噴火活動を続ける桜島。

りに直截すぎるという地元鹿児島新聞の牧 暁 村（まきぎょうそん）によって「住民は理論を信頼せず」という婉曲表現になったそうです。ですが、そのためかえって科学一般に対する不信感的表現になってしまいました。また東京大学地震研究所のホームページ内「地球トリビア」では、この安全宣言（噴火の恐れなし）を出したのは大森房吉だとしていますが、大森房吉が噴火の報を聞き、自分が作った最新鋭の地震計を持参して鹿児島に急行したのが 1 月 16 日、つまり噴火後なのでそれは無理です。1 月 23 日に、住民たちを落ち着かせるために県知事の依頼で一般人向けの講演をおこない、そこで安全宣言（もう島に戻っても大丈夫）をしているので、それと混同しているのだと思います。大森自身は地震の観測ばかりか、現地調査もおこない、噴火前後の地殻変動も観測しています。こうした観測結果は、今日でも利用されているほど貴重なものです。また、同ページでは碑文の原案は今村明恒が書いたという説を紹介していますが、たぶんこれもないでしょう。たしかに大森と今村はいろいろなところで対立していましたが、今村自身、測候所所員のふだんからの苦闘をよく知っているので、所長個人に責任を負わせるような碑文は書かないと思います。二人の確執は 154 ページ。

1914年　秋田県南部で地震（仙北地震）　M7.1　犠牲者94人。

第一次世界大戦（〜 1918年）。

1917年 静岡県西部で地震　M6.3　地震の研究が進んだ地震（初動分布の規則性）。

　この地震は、静岡市中根付近を震央とする地震で、震央付近では震度5程度で揺れ、2人の犠牲者が出ています。しかし、地震としては大きなものでもないし、変わったものでもありません。ただこの地震は、地震の初動（最初に地面がどの向きに動くか）の規則性が、初めて明らかになった地震なのです。そしてこの規則性は、地震とは何なのかを解き明かしていくことになります。ただし、最終決着は1963年まで待たなくてはなりません。

　この規則性を明らかにしたのは志田順(しだとし)（1876年～1936年、京都大学で長年地球物理学の研究をおこなう）です。彼は1909年ころから、P波の初動が地震のメカニズムの重要なヒントになると考えていたようです。1917年に起きたこの地震がそれを確定することになりました。前に書いてきたように、このころになると全国に地震計が配備されていて、この地震の揺れも各地で記録されていました。志田は各地の記録を集めて、その解析をおこなったのです。

　その前に、まず地震の波についておさらいです。地震の揺れはまずガタガタと小さく揺れる初期微動があり、少し遅れてグラグラと大きく揺れる主要動になり、さらにユラユラと揺れることが多いことは、経験上知っていると思います。この最初のガタガタと揺れる波、最初に来る波がP波（Primary wave）、グラグラと揺れる波、二番目に来る波がS波（Secondary wave）であり、ユラユラと揺れるのは表面波という波です。P波は物質の粗密の状態を伝える縦波（粗密波）で、波の進行方向と振動方向が平行な波です。S波は物質のねじれの状態を伝える横波（ねじれ波）で、波の進行方向と振動方向が垂直な波です。表面波は物質の表面を伝わる波です。

　バネの一部をつまんで離すと、その粗密の状態が伝わっていきます。これが縦波です。音波も空気の粗密の状態を伝えるので縦波になります。ひもを揺すってパルスをつくったときに、そのパルスがひもを伝

第3章　1871年から1950年（明治時代〜第2次世界大戦直後）

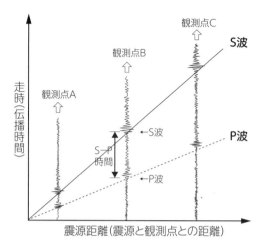

P波の方が速いので先に揺れを起こす。P波が来てからS波が来るまでの時間が初期微動継続時間（図のS-P時間）。震源から遠いほど長くなることがわかる。
（防災科学技術研究所の図をもとに作成）

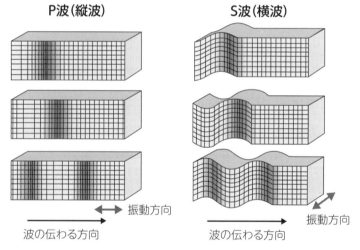

P波（縦波）とS波（横波）。
（防災科学技術研究所の図をもとに作成）

わります。これが横波です。横波はねじれの状態を伝える波なので、そもそもねじれの状態がない気体や液体中を伝わることができません。
　水の水面（表面）にできている波は表面波です。水面付近だけで揺

れていて、水中に潜って行くとすぐに小さくなるような波です。

　P波に注目すると、P波の揺れは進行方向に平行ですから、地面は震源から押される動きと、震源に引かれる動きとを繰り返すことになります。だからP波の初動とは、最初の地面の動きがそのどちらであったかということになります。志田順はこのP波の初動を詳しく調べました。地震計はふつう東西方向と南北方向、垂直方向のそれぞれの揺れを記録する3台がセットになって設置されています。だから、その3台の記録を合わせることにより、地面が実際にどの向きに動いたのかを調べることができるのです。

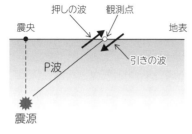

P波の垂直方向の振動方向

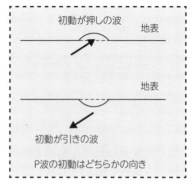

P波の初動はどちらかの向き

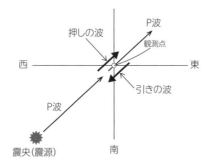

P波の地表(水平面)での振動方向

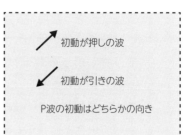

P波の初動はどちらかの向き

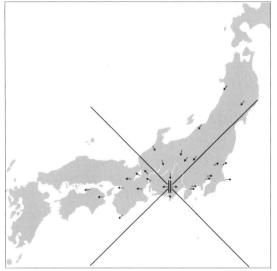
志田順がこの地震で調べた初動分布。

　志田順が調べたこの地震の結果は図のようになりました。すなわち、震源の東側と西側の観測点での初動は震源から押される向きに動き、北側と南側では震源に引かれるように動いていることがわかりました。つまり押し・引きの分布はきれいな4つの領域（4象限）に分かれることがわかったのです。

　その後、他の地震でもこのような地震の初動分布[*]の規則性、つまり押し引きの分布がきれいな4象限に分かれるという規則性が確かめられていきました。なおこの規則性とは、初動の押し・引きの分布が4象限に分かれるということで、震源の東西が必ず押し、南北が必ず引きということではありません。押し・引きの向きは地震によって異なります。

　じつはこの押し・引きの規則性は、地震とは何かということに対する重大なヒントになっているのですが、当時はまだその意味がよくわかっていませんでした。

　小藤文次郎の「地震断層説」（1893年、125ページ）は、当時の日本

ではあまり受け入れられませんでした。それよりも、地下のマグマの活動が地震の原因であるという考えが、これといったはっきりとした根拠がなく受け入れられていたようです。またそれ以上に地震とはきわめて複雑で解明の難しい現象なのだから、まずたくさんの地震を地道に観測することの方が大事だと思われていたようです。

一方アメリカでは、1906年にアメリカ西部サンフランシスコ近辺で起きた大地震（M7.8）、とくにその前後の地殻変動を研究したレイド（H.F.Reid、アメリカ、1859～1944）が「弾性反発説」を唱え、欧米ではこれが広く受け入れられていました。サンフランシスコ地震の震源断層であるサンアンドレアス断層は、地表に剥き出しの断層なので地震前後の地殻変動がよくわかるのです。レイドが唱えた弾性反発説とは、力を受けた地下の岩盤がだんだんひずんでいき、岩盤がそのひずみに耐えられなくなったときに破壊される、その破壊のショックが地震である、つまり断層がガタッと動くことがすなわち地震であるという考えです。

結論的にいってしまうと、欧米の地震学者たちは断層と地震の関係は正しくつかんでいましたが、地震を起こす力については誤解していました。一方、日本の地震学者たちは地震の初動分布、とくにS波初動分布から地震を起こす力を正しく認識していましたが、断層と地震の関係を正しく認識していませんでした。この両者の矛盾を解決したのが1963年の丸山卓男論文で、地震は断層であるという点では欧米の科学者たちの考えが正しく、また地震を起こす力は日本の学者たちが正しく理解していたということを明らかにしたのです。

* P波の初動分布からわかること

P波の初動分布から震源に加わっていた力、すなわち地震を起こした力（圧縮力・張力の向き）がわかります。たとえば次ページの図のように震源（震央）の北東側と南西側（第1象限と第3象限）の初動が押し、北西側と南東側（第2象限と第4象限）の初動が引きだったとします。この場合の震源に加わっていた力の向きは（地震を起こした力の向きは）、北西－南東方向に圧縮力、北東－南西方向に張力がはたらいてい

たとわかります。さらにこの力の向きから、断層の向きも二通りのどちらかであることがわかります。同じ力でできる二通りの断層を共役な断層といいます。この例の場合だと東西方向の右ずれ断層か、南北方向の左ずれ断層かが、震源断層の向きであることがわかります。ただ、P波の初動分布、さらにはS波の初動分布だけではこれ以上はわかりません（二通りの断層のうち、どちら向きの断層かを決めることができません）。しかし現在では、初動だけでなくP波やS波、表面波のすべての波形を使ったり、また地殻変動のデータがあればそれを使ったりして、この二通りの断層のうち、実際にはどちら向きの断層ができたのかを決めることもできるようになっています。

なお、地震と断層の関係については290ページも参照してください。

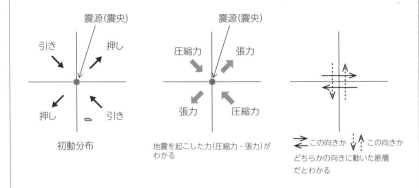

1915年 焼岳噴火 上高地に大正池ができる。

1918年 ウルップ島で地震 M8.0 津波によりウルップ島で犠牲者24人。

1923年 関東で大地震（関東大地震） M7.9 歴史上最大の犠牲者数。二人の地震学者が大論争。

　9月1日、相模湾を震源とするM7.9の大地震が、関東大震災を引き起こしました。地震が起きたとき、東京帝国大学（現東京大学）地震学教授の大森房吉（1868年〜1923年、1896年から帝大地震学教授）は、新型地震計を見るためにオーストラリアに出張中でした。その留守を預かっていたのが助教授の今村明恒（1870年〜1948年、大森の死後地震学教授）でした。もう少しで正午という11時58分に揺れが始

まりました。

　東京本郷の帝大で地震を体験した今村明恒は、まず座ったまま初期微動継続時間を数え始めました。彼は1秒間に1、2、3、4と数を数える（1秒で4拍）訓練を積んでいたので、初期微動継続時間を12秒としました。これに8を掛けると震源までの距離が出ます（初期微動継続時間と震源までの距離は比例するという「大森公式」があり、その比例定数が8だということ。ただし、実際に大森公式が適応できるのは、震源までの距離が近くて浅い地震に限られます）。つまり震源までの距離は約100kmだとわかりました。初期微動のあと主要動がきて建物の屋根瓦が飛び散ったりもしました。揺れはなかなか収まらず、ゆったりとしたものになっていきました。このゆったりとした揺れが収まらないうちに、第2波がきてまた大きく揺れました。ようやく揺れが収まってきたので、今村は助手たちに地震計の記録をとってこさせ、直ちに解析を始めました。その初期微動継続時間と初動の向きから、かねてから心配していた相模湾で起きる地震だとわかりました。という報告を残しています。

　地震の正確な震源位置を決定するためには、最低4ヵ所以上の観測点のデータが必要です。つまり、震央の位置（緯度・経度）、震源の深さ、そして地震が起きた時刻、この4つの未知数があるので、4点以上のデータが必要なのです。では、なぜ今村明恒は帝大の記録だけで、この地震が相模湾で起きた地震だと断定できたのでしょうか。それはまず、上に書いたように、震源までの距離が大森公式が使える程度の距離だった（つまり初期微動継続時間の長さがそれほど長くなかった）ので、おおざっぱな距離を求めることができたこと、そして初動の動きから（P波がやってきた向きから）、震源が東京の南東にあることもわかったのです。

　まず水平面でのP波の初動が南西から北東に向かった動きであったことから、震源は帝大（東京）に対して①北西側、②南東側のどちらかにあることがわかります。①の場合は、震源に対して東京は引きの領域、②の場合は、東京は押しの領域にあることになります。ただ、

これだけだと震源位置がどちらであるかは決定できません。

そこで次に、垂直方向のP波の初動を見ると、南西から北東に向かって斜め上に動いたことがわかりました。つまり①だとすると、震源が空中になってしまうので、これはあり得ません。すなわち、震源は帝大（東京）の南東側の地下、距離から相模湾の地下に震源があるということになります。もちろんこれだけでは、震源の位置は正確に

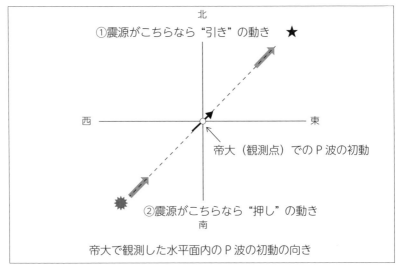

帝大で観測した水平面内のP波の初動の向き

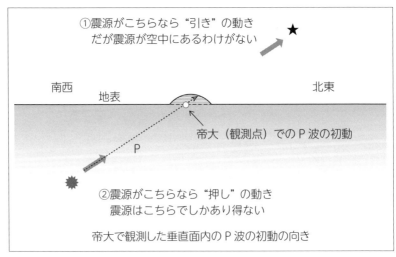

帝大で観測した垂直面内のP波の初動の向き

は求まりませんが、この程度のことなら帝大だけの観測だけでわかるのです。もっとも、帝大での地面の揺れ幅は20cmにも達するなか、またすでに被害の状況も入り始めているなか、地震計の記録の解析をおこなっていた今村明恒の冷静さには驚くしかありません。

　この当時すでに気象台（現気象庁）は全国の80ヵ所（台湾、朝鮮を含めて）に地震計を設置し、また東京、京都、東北の各帝大でも地震の観測をおこなっていました。こうした観測所の記録は今日もまだ残っていて、今でも研究に使われています。ちなみに、このころに世界にあった地震観測所は170ヵ所です。当時の日本は地震観測大国であったといえるでしょう。

　震源が東京、横浜といった大都会に近かったので、被害も甚大なものになってしまいました。ようやく欧米並みの近代的な都市になろうとしていたのに、壊滅的な大打撃を蒙（こうむ）ってしまったのです。なお、関東大地震（大正関東地震）といえば地震そのもののこと、関東大震災というと関東大地震によって引き起こされた災害のことをいいます。同じように兵庫県南部地震は阪神淡路大震災を引き起こし、東北地方太平洋沖地震は東日本大震災を引き起こしたということになります。

　関東大震災の場合、なんといっても被害の最大の原因となったのは、今村明恒がかねてから心配していた火災でした。東京市（現在の23区に相当）だけで火元134ヵ所、うち77ヵ所から延焼したといわれています（57ヵ所は即刻消火）。火元はちょうど昼時で昼食の準備をしていた一般家庭や、工場（薬品）など様々でした。最大延焼速度は時速820mだったそうです。これだけ見ると人の歩く速さよりもかなり遅いので、楽に逃げられそうです。でも見方を変えると、数分で一軒が焼け落ちる速さでもあり、避難に躊躇していたら間に合わない速さでもあります。しかも複数箇所から火の手が上がっていたので、どこに向かって逃げたらいいのかわからない、そうこうしているうちに火に巻き込まれてしまう、あるいは逃げていった先で川に遮られ、向こう岸に渡ろうにも橋はもう人で埋まって動けない、対岸からも火が迫るという状況があちこちで作られたのです。こうして東京市の

43.6％が焼失してしまいました。このとき、秒速10m程度の強風が吹いていたという悪条件もありました。

関東大震災の犠牲者は全部で約10万5000人にもなります。そのうち火災による者が9万2000人です。なかでも最大の犠牲者を1ヵ所で出したのは、東京下町（深川）にあった陸軍被服廠（軍服を作る工場）跡地の広場でした。ここに大勢の人たちが逃げ込み、それも家財道具も持ち込んできたのです。その家財道具に燃え移った火は、火災旋風となりこの広場だけで3万8000人もの人が亡くなっています。その他、学校の校庭、駅前広場、橋のたもとなどで大勢が亡くなっています。

全犠牲者数10万5000人中、焼死者が9万2000人ということは、1万3000人は別な死因ということでもあります。1万3000人中、倒壊した建物などでの圧死は1万1000人にもなります。建物の損壊は東京よりも震源に近い横浜の方がひどい状況でした。関東大震災は圧死者の数だけで、内陸で起こった最大規模の地震である1891年の濃

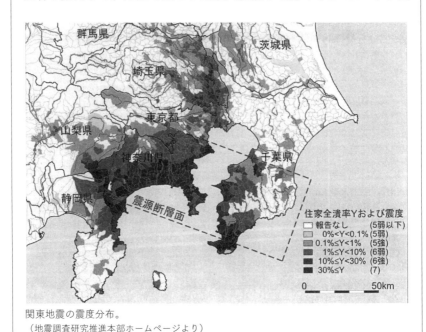

関東地震の震度分布。
（地震調査研究推進本部ホームページより）

尾地震（123ページ）の7273人、1995年の阪神淡路大震災（228ページ）の6437人を上回る数になります。他に、土砂崩れで700人から800人、津波でも200人から300人が亡くなっています。

1923年の関東大地震は、北米プレートとその下に潜り込もうとしているフィリピン海プレートとの境界で起こるプレート境界型（海溝型）の地震で、浅い角度の逆断層が震源断層です。震源域は1703年の元禄地震（78ページ）より少し小さいと思われます。

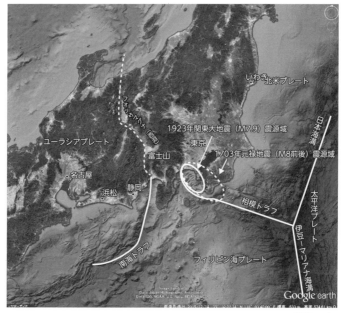

©Google

ここ相模湾沿い（相模トラフ沿い）の大地震のときも、南海トラフ沿いの大地震のときと同じく、地震のたびに半島の先端がぴくんと隆起するという地殻変動を示します。地震の前はずっとゆっくりと沈降していますが、地震のときの隆起量は沈降量を上まわるので、房総半島の先端、三浦半島の先端は断続的にだんだん高くなってきました。そのため、これらの地域では海岸段丘が発達しています。

またこの地域の地殻の水平方向の変動は、南東－北西方向に縮んで

いた状態から、地震の際には南東へと急に伸びるようになります。極端に表すと右ページの図のようになっています。

これらの地殻変動は、陸のプレートの下に潜り込もうとしている海のプレートが、ふだんは陸のプレートを下に引きずり込み、また、押して陸のプレートを縮めていますが、地震のときに、それが一気に跳ね返るためと考えると説明がつきます（11 ページ）。

問題は、この相模トラフ沿いのプレート境界型（海溝型）の地震が起こる間隔です。確実なのは、1923 年関東大地震（M7.9）、1703 年元禄地震（M7.9 〜 8.2）の 2 つ、ほぼ確実なのは 1293 年永仁鎌倉の地震（M7.0、44 ページ）なので、これを入れた 3 つがプレート境界型になります。この 3 つだとすると、プレート境界型地震が起こる単純な平均の間隔は 315 年です。さらに 1433 年永亨相模の地震（M7.0 以上）、1257 年正嘉鎌倉の地震（M7.0 〜 7.5）もプレート境界型かもしれません。そうすると平均の間隔は 168 年になります。信頼度は低いですが 1495 年明応鎌倉の地震（M ?）もプレート境界型だとすると平均の間隔はもっと短くなります。楽観的に考えると、1923 年の関東地震からまだ 100 年も経っていないので、まだしばらくは相模トラフ沿いのプレート境界型の大地震はないかもしれません。でも、1257 年と 1293 年もプレート境界型とすると、その間はわずか 36 年の間しかないので、すでにもう現在は危険な期間に入っているということになってしまいます。楽観的な解釈を採用したとしても、1855 年の安政江戸地震（113 ページ）のような、いわゆる都市直下型地震はプレート境界型の地震とはまったく別なので、関東地方はしばらくは安全ということではありません。

* 大森房吉（1868 年〜 1923 年）と今村明恒（1870 年〜 1948 年）の確執

大森房吉は 1896 年に病に倒れた関谷清景（1855 年〜 1896 年）の後を継ぎ、日本人としては 2 代目の東京大学地震学の教授となりました。今村はその 2 歳年下で、1923 年に大森房吉が亡くなった後、3 代目の教授となります。二人は日本の地震学

1923年　関東で大地震（関東大地震）　M7.9

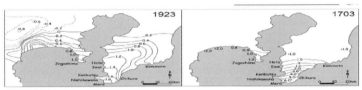

地震前：海のプレートに南側から押されて、陸の岩盤が北側に縮んでいる。また、房総半島・三浦半島が、潜り込むプレートに引きずられて沈下していて、潜り込み量は半島の先端に近づくほど大きくなっている。

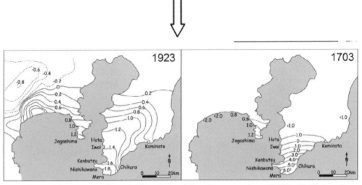

地震直後：縮んでいた陸の岩盤がもとに戻るため、一気に南側に伸びている。また、沈下していた半島もぴくんと跳ね上がる。跳ね上がりの大きさは、半島の先端に近づくほど大きくなる。

関東地震や元禄地震前後の地殻変動。
（地震調査研究推進本部ホームページより）

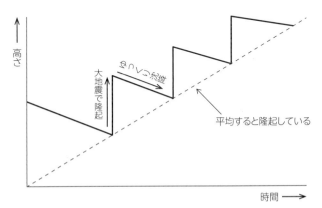

半島先端の地殻変動の模式図。地震と地震の間はゆっくりと沈降しているが、地震の時に隆起する。隆起量の方が大きいため、半島の先端は平均的には隆起している。

黎明期の二大スターでした。二人は学問の面からも、感情の面からも対立していました。科学者として一般の人たちに対しては確実なことだけしかいってはならない、とくに不安を煽るようなことは絶対にいってはならないというのが大森の立場でした。一方今村は、できるかぎり科学の成果を一般の人たちにも知ってもらいたい、とくにそれが防災に結びつくならなおさらという考えでした（アウトリーチの走り）。

大森房吉（左）と今村明恒（右）

1905年、今村が一般雑誌太陽に「関東地方にそう遠くない将来大地震が来る可能性がある。防災対策をしっかりとしておこう」というような内容の文を寄せたところ、後にこの文を、「近々関東地方に大地震が起こると帝大の先生がいっている」とセンセーショナルに取り上げた一般紙があったため、大騒ぎになってしまいました。大森はその沈静化に奔走せざるを得ないことになったのです。さらに1915年千葉で起きた群発地震でも同じようなことが繰り返され、大森としては今村の言動に辟易としていたことでしょう。

学問的には、1896年の三陸の津波（127ページ）のとき、その津波の成因について、今村は「海底地形変動説」を唱え、大森は「海水粒子振り子説」を唱えて対立しました。今では今村の説の方が正しいとわかっていますが、当時はどちらかというと大森説の方が有力でした。

その他一人の研究者としてのプライドを持っている今村を、たんなる助手として見なす大森という面もあります。さらに、当時の帝大地震学教室は教授だけが有給で、助教授の今村は無給でした。今村は陸軍の大学で数学を教えていて、そこからの給料で研究と生活をしていたという事実もありました。

そんな中、1923年に関東大地震がやってきたのです。今村はもちろん自分が危惧していた地震が現実に起きたとすぐに理解します。一方大森はオーストラリアに新型地震計の見学に行っていたのですが、まさにそのとき地震計が突然記録をとりだしました。大森は、この地震が関東大地震と直感しました。急遽帰国の途につきますが（当時は船）、船の中で脳腫瘍の症状が出始め、帰国後まもなくして亡くなってしまいました。大森だって東京が絶対安全とは思っていなかったでしょうし、防災対策をやろうと呼びかけたかったでしょうが、立場上アンチ今村的な言動しかできなかったのだと思います。

今村の方も、自分の予想が当たったことに喜ぶということはもちろんなく、被害を小さくできなかったことへの後悔の念の方が大きかったのでしょう。教授を引き継いだ今村は、今度は東海、東南海、南海に大地震が起こるだろうと考え、今度こそ被害を小さく抑えなくてはならない、そのためにはまず大規模な観測網を作るよう国に働きかけましたが、世の中はだんだん軍備優先の時代になってしまっていました。そのために、膨大な費用がかかる今村の要請は受け入れられませんでした。それにもめげず今村は寄付や私費で和歌山に研究所をつくり、帝大を定年退職後も観測を続けます。こうした中、1944年東南海地震（M7.9、160ページ）、1946年南海地震（M8.0、173ページ）が起こることになるのです。

もっとも、当時まだ地震とは何かということすらわかっていない時代だったので、今村が正確に予知したというわけではありません。過去の地震の起こり方から統計的に考えて、次はあのあたりが危ないだろうと予想したのです。

1924年	神奈川県西部（丹沢地震）　M7.3　犠牲者19人。
1925年	兵庫県北部（但馬地震）　M6.8　犠牲者428人。
1925年～26年	十勝岳噴火　火口付近の雪が溶け発生した火山泥流で犠牲者144人。
1926年	昭和時代始まる。

1927年	京都西部で地震（北丹後地震）　M7.3　犠牲者2925人。地殻変動が大きい。
1930年	静岡県伊豆地方で地震（北伊豆地震）　M7.3　犠牲者 272人　建設中の丹那トンネルがずれた。丹那断層公園でこの断層を見ることができる。
	浅間山噴火　犠牲者6人。
1931年	口永良部島噴火　犠牲者8人。

1933年

三陸沖で地震（昭和三陸沖地震）　M8.1
正断層型の大地震で大津波。

　3月3日、三陸沖で発生したM8.1の地震です。正断層型地震、あるいはアウターライズ地震だといわれています。

　1896年の地震は旧暦の端午の節句でした。それに対してこの地震は新暦のひな祭りの日に起きました。深夜午前2時30分ころ、ほとんどの人はぐっすりと寝ている時間、外は真っ暗な東北ではまだ寒い時期でした。そこに、岩手県などを中心に最大で震度5の揺れが襲ったのです。ただ、強い揺れとはいえ最大で震度5程度の揺れなので震動による被害は出ていません。さらに、37年前の大津波の記憶も

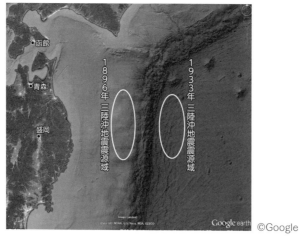
©Google

まだ残っていました。大勢の人は津波を警戒したことでしょう。じっさい1896年（127ページ）の犠牲者数の約2万2000人という大災害は免れました。とはいっても襲ってきた津波は、場所によっては1896年の津波の高さを上回るところもあるほどの大津波でした。そのために3064人という犠牲者・不明者が出てしまいました。

　この地震も1896年の津波と同様に、断層はそれほど急激に動かなかったようです。しかしそのためにかえって海水を効率的に動かし、大津波になったのです。さらにこの地震の特徴は、日本海溝付近で起きた地震ですが、プレート境界型の逆断層ではなく、潜り込む海のプレートそのものがポキッと折れて、陸側がガタッと落ちた正断層型の地震という変わったものでした。

　海のプレートが海溝で陸のプレートの下に潜り込むとき、その折れ曲がりの上面は少し盛り上がります。これをアウターライズ（"海溝

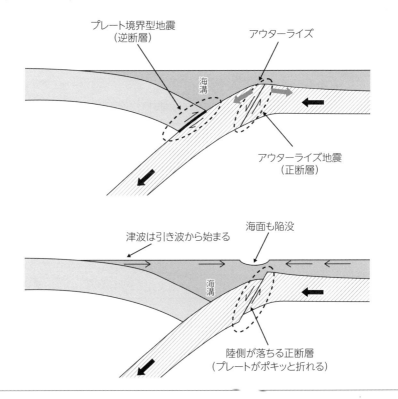

の外側の盛り上がり"という意味）といいます。

　アウターライズでは張力がはたらくので、このような正断層ができるのです。このような地震をアウターライズ地震ということがあります。アウターライズ地震は海底に近いところが大きく動くので、大津波を発生させやすいといわれています。このような正断層型（アウターライズ型）の地震による大津波では、津波は引き波から始まることとなります。

　なおこの地震は、1896年の地震の震源域のひずみは解消されましたが、そのまわりのひずみはかえって増大したために生じた地震かもしれません。そういう意味では（幅広い意味では）、この地震は1896年の地震の余震ととらえることもできます。余震は大地震ではその後必ず起こります。もちろん余震の数は時間とともに減っていき、また規模も小さくなっていくのがふつうです。でも、ときどきは大きな余震も起こることがあり、また余震が続く期間も数年か、十数年、いやそれ以上の数十年に渡ることがあります。

　こうなってしまうと、もし大地震の前触れとなるような前震があったとしても、前の大地震の余震か、次の大地震の前震か、区別がつかないことになってしまいます。明白な空白期間があって、再び地震活動が活発になってくるとそれらの地震は前震かもしれないということになるのですが、前震なしで大地震が来ることもあるので、大地震の前触れとしての前震に期待することはあまり意味がないこともわかってきました。

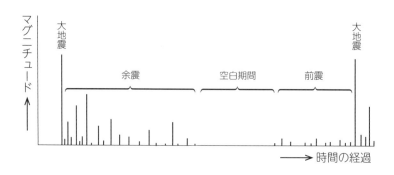

1933年　三陸沖で地震（昭和三陸沖地震）　M8.1

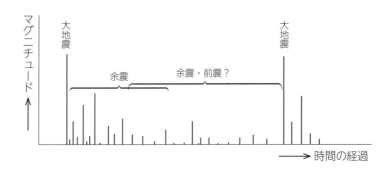

*　津波てんでんこ
　　三陸地方でのたびたびの津波の経験から生み出された標語が「津波てんでんこ」です。津波がやって来そうなときは、各自てんでんばらばらでもいいから一刻でも早く高台に逃げろという意味です。ただ、そうはいっても家庭では家族、学校ではクラスメート、職場では同僚が気になることでしょう。だから、前提としては、いざとなったら個人個人で逃げる、でも逃げる先を決めておく、そうすればそこで再会できるということなのです。実際にそれがうまく働いたのは、2011年3月11日の大津波のときの「釜石の奇跡」でしょう。大津波に襲われた釜石ですが、市内の小・中学校生たちはこの教えを守りました。とくに海抜3mに位置していた釜石東中学校と鵜住居（うのすまい）小学校の児童・生徒たち600人はてんでんばらばらに（点呼を取らずに、また整列せずに）、従来から避難場所として徹底していた700m離れた海抜10mの福祉施設に逃げたのです。さらにその後の判断も素晴らしく、ここでは危ないとし、さら400m離れた海抜30mの介護施設に移動しました。じっさい最初に避難した福祉施設は津波で流されています。この「津波てんでんこ」が標語として定式化されるのは1990年代ころのことのようです。

1937年　日中戦争（～ 1945年）。

1939年　伊豆鳥島噴火　溶岩流出。全島民退去。
　　　　　秋田北部沿岸で地震（男鹿地震）　M6.8　犠牲者27人。

1940年　三宅島噴火　溶岩流出。犠牲者11人。
　　　　　北海道北西沖で地震（積丹半島地震）　M7.5　津波で犠牲者10人。

第3章　1871年から1950年（明治時代〜第2次世界大戦直後）

1941年　太平洋戦争（〜1945年）

1943年　鳥取県東部で地震（鳥取地震）　M7.2　犠牲者1083人。鹿野断層・吉岡断層。

1944年　浅間山噴火　犠牲者9人。

1944年 ## 南海トラフ東部で巨大地震（東南海地震）M7.9

　12月7日、紀伊半島沖で発生したM7.9の巨大地震（東南海地震）です。今村明恒が関東の次に大地震が迫っていると考えたのは、東海から南海にかけて、今でいう南海トラフ沿いでした。今村の切望する地震観測所整備を政府が受け入れてくれなかったため、彼は自分の私財を投入し、また学士院や三菱財団からも寄付を募って和歌山に南海地動研究所（現在は東京大学地震研究所和歌山地震観測所になっています）を建設しました。1928年（昭和3年）のことでした。

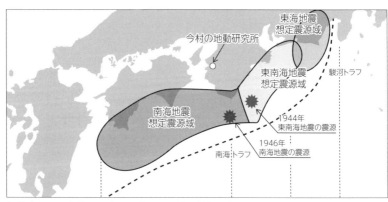

気象庁の図に今村の研究所の位置を加筆。絶好の位置に建てたことがわかる。
（気象庁ホームページの図をもとに作成）

　ここでは、1605年（慶長地震 M7.9が連続して2回、1回だった可能性もある、66ページ）、1707年（宝永地震 M8.6、80ページ）、1854年

安政東海地震 M8.4 と安政南海地震 M8.4、107 ページ）とほぼ 100 年～150 年の間隔で巨大地震が起きている場所だし、また、最後の 1854 年からはもうだいぶ年月が経ったという判断でした。今村は、1931 年に 60 歳で帝大を定年退職しますが、その後もここを拠点にして地震観測と研究を続けました。さらに今村は、陸軍測量部（今の国土地理院）に頼み、特別に東海地方の水準測量をおこなってもらいもしていました。1944 年のことです。

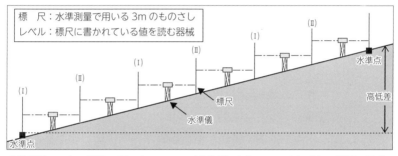

水準測量：2 本の標尺の真ん中にレベル（水準儀）をおいて、それぞれの標尺の目盛りを読み取り、その差（標高差）を求める。これを繰り返して約 2km の間隔で置かれている水準点の高さを求める。大変な作業である。
（国土地理院ホームページの図をもとに作成）

　まさにその 1944 年 12 月 7 日に紀伊半島沖を震源とする M7.9 の巨大地震が起きたのです。これが東南海地震です。じつはこの 1 週間前に、陸軍の測量隊は掛川付近の水準測量をおこなっていました。水準測量は、ある水準点を出発していくつかの水準点に到達したら、必ず測量しながら出発点に戻るという作業を繰り返します。出発点に戻れば、標高差はゼロになるはずです。ところが、このときの測量では 4.3mm～4.8mm の誤差が出ました。通常ではあり得ない大きな誤差です。地震直前の地殻変動をとらえた可能性も考えられますが、これが大地震の前兆なのかはただちには断定できません。こうした大地震直前というタイミングでの水準測量の例が他にないのです。
　いずれにしても、今村が好立地に建設した南海地動研究所、また今村が頼んだこの水準測量のおかげで、戦争末期という困難な時期にも

かかわらず、質の良いデータが残されたことになります。地震そのものは、典型的なプレート境界型（海溝型）、低角逆断層の地震でした。

2年後の1946年に起きた南海地震（173ページ）では、南海トラフの西部が震源域となっています。つまり、駿河湾から四国沖に伸びる南海トラフの中で、駿河湾内の南海トラフだけはまだひずみを解消していないと考えられるのです（160ページの図）。地殻変動のデータもそれを示しています。つまり御前崎などは沈降傾向が続き、全体に南西から北西にかけて縮むような水平方向の変動も続いています。

こうしたことを根拠に、1970年代の初めのころから、駿河湾内の南海トラフを震源域とする"東海大地震"が近々起こるのではないかという地震学者たちからの不安の声が上がりました。それをもとに制定されたのが、「大規模地震特別措置法」（1978年）です。気象庁などの観測機関が、この地域で基準以上の異常（地殻のひずみなど）を感知したら、地震学者から構成される「判定会」が招集され、その判断

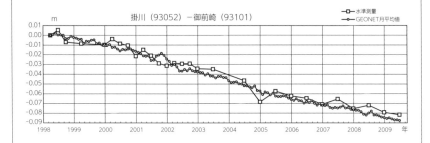

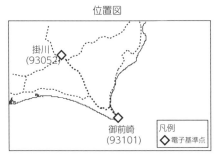

沈降を続ける御前崎。
（気象庁ホームページの図をもとに作成）

1944年　南海トラフ東部で巨大地震（東南海地震）M7.9

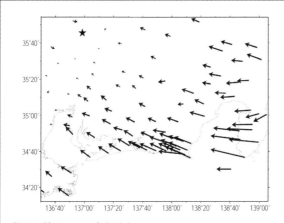

押され続けている中部地方。
（国土地理院ホームページの図をもとに作成）

に基づき、内閣総理大臣が「警戒宣言」を出すことになっています。警戒宣言が出されると、それはNHKなどを通じて直ちに広報され、また交通規制や銀行の停止などの経済活動の制限もおこなわれます。注意しなくてはならないのは、この警戒宣言は、あくまでも「東海地震」のみを対象としたもので、東海地域以外で明白な異常が検知できても政府には「警戒宣言」を出す法的根拠はない（つまり権限がない）、だから警戒宣言は出せないということです。

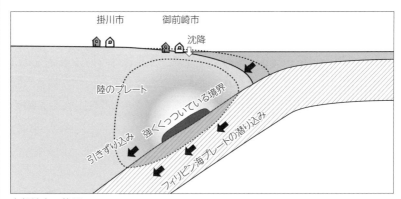

中部地方の状況。
（気象庁ホームページの図をもとに作成）

しかし、東海地方（駿河湾）が危ないといわれてからすでに50年近く経ち、また法律が施行されてからも40年近く経っています。でも実際には、大地震は起きていません。たしかにそれほど遠くない将来、ここで大地震が起こる可能性はまだ否定できませんが、それよりも次の南海トラフ沿いの大地震のときに、ここも連動するのではないかと思われるようにもなってきました。つまり、宝永のとき（80ページ）のように相模トラフ全体がいっせいに動くのか、あるいは安政のとき（107ページ、108ページ）のように西部と東部で分かれて動いて両者を合わせると南海トラフ全体が動くかということです。どちらなのかは、今のところはまったく予想できません。

最悪の場合は、南海トラフにとどまらず、震源域が南西諸島海溝（琉球海溝）にまで伸び、断層の長さが1000kmにもなるM9.5クラスの超巨大地震すら想定されています。過去に地球で起きた最大のチリ地震（M9.5、1960年、180ページ）では長さ800km以上の震源断層が動きました。また2004年のスマトラ島沖地震（M9.1）では長さ1000km〜1600kmもの長さの震源断層が動きました。つまり、このような超巨大地震が日本で起きてもおかしくはないのです。実際、南海トラフから琉球海溝に震源断層が伸びるこのような超巨大地震は、1700年程度の間隔で起きている可能性があるという地震学者もいます（2007年、古本宗充、前名古屋大学地震火山研究センター長）。しかも彼は、直近は1700年前だったともいっています。それが正しければ、もう危険な時期に入っているということになります。もしこのような地震が起きたら、東海から沖縄、さらには台湾にかけては激しい揺れと、大津波に見舞われることになるでしょう。その被害は空前のものになる可能性があります。こうしたことも想定しておかなくてはなりません。

1944年　南海トラフ東部で巨大地震（東南海地震）M7.9

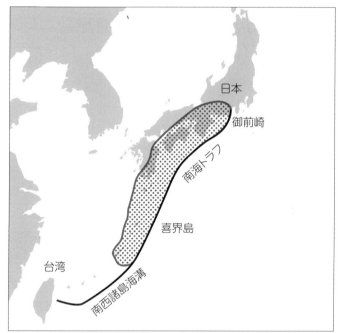

最悪の超巨大地震の震源域。

　この1944年の東南海地震では、地震と津波（熊野灘で最高8m）による犠牲者は1223人に達しました。ですが、当時はすでに日本の敗色が濃くなっていた戦争の末期でした。軍需工場が倒壊したために大きな犠牲者を出したりもしていて、さらに翌日の12月8日が真珠湾攻撃の日（太平洋戦争開戦の日）ということもあり、政府・軍が厳しく報道を規制したために、正確な情報は報道されませんでした。しかし、これだけの大地震なので、世界中の地震計で記録され、ただちに日本の中央部で大地震が起きたということは知られてしまっていたのです。また、すでに制空権を握っていたアメリカ軍の偵察で、被害の状況もほぼ正確に把握されていました。つまり、知らないのは日本の一般市民のみということになっていたのです。

1944年～45年 | 新しい火山の誕生、北海道有珠郡の昭和新山。

　厳密な意味では本当に新しい火山ができたわけではありません。昭和新山は有珠山の側火山の一つです。有珠山は噴火のたびに複数の火口から、それも新しい火口から噴火することの多い火山なのです。

　この昭和新山の活動は1943年の年末から始まりました。まず有感地震が有珠山の北の麓で始まり、その活動がやがて東の麓に移動し、1944年4月には16m上昇した地点もありました。さらに活動は北の麓に移り、麦畑（現在の昭和新山東部）が50m隆起しました。これは地下の極浅いところにマグマが貫入してきたことを示すものです。6月22日には有感地震が250回も起き、ついに6月23日、現在の昭和新山中央部から水蒸気噴火を起こしました。さらに7月から10月まで十数回の爆発を繰り返し、また低温火砕サージ（火砕流よりも火山ガスの割合が大きく、火砕流よりも速い秒速100m以上の高速で前面のものをなぎ倒しながら襲ってくる）も発生して被害も出るようになりました。8月末には、もと麦畑は高さが100mほどにもなりました。ただ、この段階ではまだ溶岩は顔を出しておらず、表土を載せたままの状態でした。

　1944年11月中旬、頂上の爆裂火口から溶岩がせり出してきました。このデイサイト質の溶岩は非常に流れにくいものだったため溶岩は流れずに、地下のマグマの塊がそのまま押し出されるように溶岩ドームは隆起を続けました。1945年9月には溶岩ドームの隆起も終わり、火山活動は収束しました。最終的には昭和新山は高さ407mにまでなりました。ただし、現在では溶岩の温度が下がってきたため（とはいっても、噴き出る水蒸気の温度はまだ200℃もある（2000年））山体が縮んで、高さ398mになっています。

　この噴火は第2次世界大戦末期に起きたために、政府は地震と同じくこの噴火についても報道管制を敷いたばかりか、公的機関の観測も許しませんでした。しかし、地元の壮瞥町で郵便局長をしていた三松正夫（1888年～1971年）が、この事変の重大さを考え（彼は明治新山

1944年　新しい火山の誕生、北海道有珠郡の昭和新山

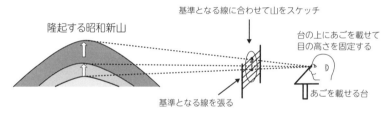

三松ダイヤグラムの描き方。

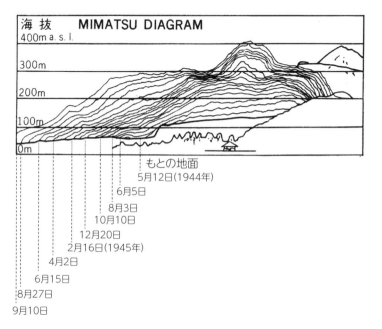

三松ダイヤグラム。
（国土地理院ホームページの図をもとに作成）

の誕生も経験していました）、個人できちんとした観測を始めたのです。とはいっても、当時は写真のフィルムさえ手に入りにくい時代でした。そこで三松正夫は自分で観測器具や方法を工夫しながら観察を続けたのです。その結果は現在三松ダイヤグラムとして、貴重な資料になっています。

　三松はさらに使えなくなった麦畑を、戦後まだ混乱していた1946

昭和新山と、その成長を観察する三松正夫の銅像。

年に私財で買い取りました。大変に貴重なものだから保全しようという意識とともに、昭和新山によって畑を失った農民救済という意識もあったといいます。

　三松正夫の死後、昭和新山は子孫が相続しました。つまり、昭和新山は火山全体が三松家の私有地にあるという存在なのです。そしてまた、1957年には国の特別天然記念物に指定されたので、私有地が特別天然記念物となった珍しい例ということになります。

有珠山から見下ろす昭和新山。中心部では溶岩の温度がまだ高く、植物はまったく生えることができず、溶岩がむき出しになったままである。

1945年 三河湾で地震（三河地震）M6.8　東南海地震で誘発された？

　1月13日に三河湾で起きたM6.8の三河湾地震です。東南海地震のわずか37日後に起きた地震です。37日前の東南海地震で建物が弱くなっていた側面もあり、東南海地震よりもより多くの物（7000軒以上）が倒壊してしまいました。犠牲者も2306人に達しています。

　しかし、厳重な報道管制がなされたため、南海地震とともに「隠された地震」といわれています。とくにこのあたりは軍需産業も多く、柱の少ない工場の建物が倒壊したため、動員されてそこで働いていた人たちも多く亡くなっています。また、空襲を避けて名古屋から疎開していた児童にも多くの犠牲者が出ています。疎開してきた児童たちはお寺を宿舎としている場合が多く、お寺の本堂は空間が大きいために地震動にはあまり強くないのです。地震が起きたのが午前3時38

三河地震の震央と地表で確認される断層（地表地震断層）。

第 3 章　1871年から1950年（明治時代〜第2次世界大戦直後）

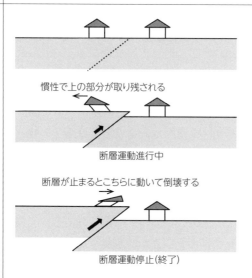

分、児童たちはこうした本堂でぐっすりと寝ていた時間でした。
　地震そのものは、陸のプレート内（地殻内）の断層が動いたものです。地表に現れたのは横須賀断層と深溝（ふこうず）断層です。断層が南北に走るところでは西側が隆起する逆断層、断層が東西に走るところでは左ずれを伴い南側が隆起する逆断層でした。最大で上下に 2m のずれを生じています。
　逆断層の西側（隆起側）で被害が大きかったという特徴があります。上図のように、逆断層の西側（上盤）だけが隆起する形でずれたため、その上の家が図のように変形して倒壊したと考えられます。乗り物が急に動いたとき動きと逆側に倒れるようになり、また急に止まると今度はそちら側に倒れるようになることと同じ原理です。実際倒壊した建物は皆同じ向きに倒れています。断層からの距離が同じでも、断層のどちら側に位置していたかで、被害にはこのような差が出ています。こうした被害が出た地域の偏りは 1884 年の善光寺地震（102 ページ）のときにもありました。
　この地震で、地盤が大きく食い違ってしまった所もありました。たとえば、それまで良港だった形原港は断層の真上にあったため、岸壁の西側が 1.5m 隆起し、東側が 0.7m 沈降してしまい、港として使え

なくなってしまいました。そのために、ここを基地としていた漁業者が船を出せなくなってしまったのです。地震ではこのような問題も生じます。形原港が漁港として復旧するのは1954年になってからでした。

　この地震は、1944年の地震で誘発された地震とも考えられます。しかし、もう少し別な視点で見てみると、三河地震から北北西へ、1891年濃尾地震（M8.0）、1948年福井地震（M7.1）の震源断層がきれいに並んでいます。さらに別の場所を見てみると、1948年福井地震（M7.1）、1927年北丹後地震（M7.3）、1943年鳥取地震（M7.3）、2000年鳥取県西部地震（M7.3）の震源（断層）がきれいに並んでいることもわかります。とくに2000年の鳥取県西部地震は、これまで活断層が知られていなかったところで起きた地震です。これらの内陸の

1945年三河地震、1891年濃尾地震、1948年福井地震の断層がきれいに並んでいる。

第3章　1871年から1950年（明治時代〜第2次世界大戦直後）

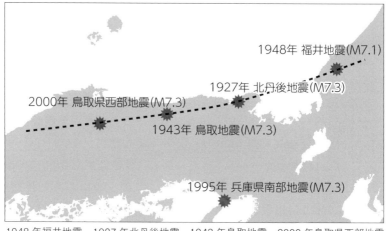

1948年福井地震、1927年北丹後地震、1943年鳥取地震、2000年鳥取県西部地震の震央（震源）がきれいに並んでいる。
（内閣府防災情報のページをもとに作成）

　断層が地震を起こしてずれ動く間隔は数千年から数万年といわれています。

　数千年から数万年の間隔を置いて起こる地震が、このように短時間内で動くのは偶然とは考えにくいことです。これらを貫く巨大な断層（系）が存在し、南海トラフの巨大地震のように連動して地震が起きている可能性があるということになります。

　こうしたことが一番はっきりとしているのが、トルコの北アナトリア断層です。北アナトリア断層は、トルコの北部を東西に走る巨大な右ずれ断層です。次ページの図のように1939年エルジンジャンの西で起きた地震を皮切りに、1942年、1943年、1944年と震源がだんだん西に移動し、1953年に震源がジャンプしてトルコの西端近くになりましたが、再び1957年に1944年の西隣、ついで1967年にまたその西隣で地震が起きました。

　そして、この1967年と1953年の地震の間が空白地域となっていて心配されていたのですが、その心配通りに1999年に空白地域でも地震が起きました。

　この1945年三河地震は今村明恒にとっては想定外の地震でした。

しかし、1944年東南海地震、1946年南海地震とともに、この地震も今村の研究所が貴重なデータを残してくれたことになります。

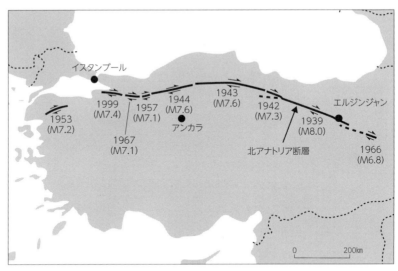

北アナトリア断層沿いに震源が移動しているのがわかる。
（防災科学技術研究所の図をもとに作成）

1945年 終戦。

1946年 ## 南海トラフ西部の巨大地震（南海地震）M8.0

　12月21日、紀伊半島沖で発生したM8.0の南海地震です。1944年の東南海地震のほぼ2年後に起きた地震です。長い地球の歴史の上では、ほとんど同時に起きたといってもいいくらいの間隔です。1944年に東南海で地震が起きたので、今村明恒は、次はここだと指摘していました。その予想がまた当たったことになります。もちろん今村自身は、地震災害をできるだけ軽くするという思いでそういう指摘をしたのです。予想が当たったことを単純に喜んだりはしなかったでしょう。逆に、当たったことを悲しんだかもしれません。ただ、当時は敗戦直後でした。日本は疲弊し、とても地震対策どころではなか

った時代、食糧の供給の方が優先された時代でした。今村自身も地震学上、この時代においてはまだ地震の正確な予知は無理（他の地震学者は地震の予知など考えたこともなかった時代、今村の意識は突出していました）だとは自覚していたと思います。ただ、過去の地震の起こり方を統計的に見て、そろそろこのあたりが危ないだろうという程度だったのです。でも、ともかく危ないことは確かだから警戒をして、できるだけ被害をくい止めようとしていたのです。今村の防災に掛けるこのような熱意は時代の制約もあり、報われなかったことになります。だがしかし、1944年と1946年の大地震、さらには1945年の三河地震、そして地殻変動を含む良質のデータを残したという意義は大きいものがあります。

　この地震による震動と津波（高知、三重、徳島で高さ6m～8m）のために1330人もの犠牲者が出ています。戦争による空爆で傷んだ建物が、この地震の震動で倒壊した例もあります。また、和歌山県の新宮市では大火も発生しています。

　この地震も基本的にはプレート境界型（海溝型）の逆断層です。ただ、細かいことをいうと、プレートの境界そのものではなく、プレート境界の断層から分岐した断層が動いた地震だといわれています。

　日本列島は、海のプレート（太平洋プレートとフィリピン海プレート）が海溝で潜り込むときに、その上に乗せて運んできた堆積物や火山島、さらにそのまわりに発達したサンゴ礁などが、陸のプレート（ユーラシア大陸プレートと北米大陸プレート）によってそぎ落とされ、それが日本列島に付加して太平洋側へと成長してきました。この付加した部分（地層）を付加体といいます。この付加体には、そぎ落とされた塊ごとの間に断層（分岐断層）ができています。その断層の一つが海のプレート（この地震ではフィリピン海プレート）に押されて動いたのが、1946年の南海地震であると考えられています。

　南海トラフで起こる海溝型の巨大地震の図を見てみると、東海、東南海、南海のブロック（領域）が全部いっせいに動く（地震を起こす）こともあるし、複数の領域がそれぞれ別々に動くこともある、しかし

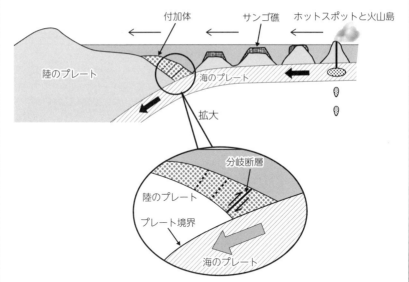

1946年の南海地震はプレートの境界面ではなく、そこから分岐する断層（分岐断層）が動いた。

別々に動くときは、ある領域が動くと隣接する領域もきわめて短い時間に動く、という傾向を読み取ることができます。そして直近の動き（地震）を見ると、南海（紀伊半島沖から四国沖）は1946年から、東南海（遠州灘沖から紀伊半島沖）は1944年から、いずれもすでに70年が経過しています。東海（駿河湾）に至っては1854年の安政地震からすでに160年以上経っています。ですから地下には再び大地震を起こすエネルギーが蓄えられていると考えなくてなりません。つまり、そう遠くない将来に必ず大地震が起こるだろうということになります。

　ただ、ここで、「そう遠くない将来」というのは、地球科学的な時間スケールの話ですから、実際には数十年の時間をいいます。政府の地震調査研究推進本部は、今後30年以内に南海トラフでM8〜M9クラスの地震が起こる確率を60％〜70％と表現しています（ただ、M9クラスの地震の起こる確率はこれより一桁低いだろうともいっています）。いずれにしても、数年以内かもしれないし、あるいは100年以

上あとかもしれませんが、大地震はそのうち必ず来ます。だから、つねに地震・津波に対する意識を持ち、防災対策を進めておく必要があるのです。

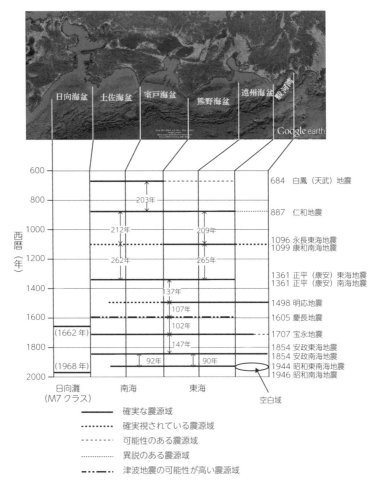

（地震調査研究推進本部の図をもとに作成）

1946年 桜島中規模な噴火　溶岩流出。犠牲者1人。

1947年 浅間山噴火　火山岩塊で犠牲者9人。

1948年 福井県嶺北地方で地震（福井地震）　M7.1 犠牲者3769人。

　揺れが激しく、それまで震度6が最大の揺れだったのが、この地震によって震度7が新たに定められました。日本は1944年東南海地震、1945年三河地震、1946年南海地震、1948年のこの福井地震と、犠牲者1000人を超える地震に立て続けに4回も見舞われたことになります。終戦前後の混乱期だったので、観測や救援活動、そして報道までもが不十分な時代でした。

1949年 栃木県今市市で地震。8分の間隔でM6.2とM6.4。犠牲者10人。

1950年〜52年 伊豆大島噴火　溶岩流出。

第4章

1951年から2000年
(昭和時代中期〜平成時代初期)

第4章　1951年から2000年（昭和時代中期～平成時代初期）

1952年　3月4日　釧路沖で地震（十勝沖地震）　M8.2　津波あり。犠牲者33人。

11月5日　カムチャッカ半島沖で地震　Ms8.2（Mw9.0）津波あり。

ベヨネーズ列岩（明神礁）噴火　調査船海洋丸遭難犠牲者31人。

1953年　11月26日　房総半島南東沖で地震（房総沖地震）　M7.4　津波あり。

11月27日　阿蘇山噴火　犠牲者6人（～1958年11月24日の噴火犠牲者12人）。

1955年　桜島噴火　以後今日まで継続。

伊豆大島噴火　犠牲者1人。

1958年　択捉島付近で地震　M8.1　津波あり。

1959年　硫黄鳥島噴火　全島民移住。

1960年　## チリ地震津波　太平洋を横断して日本を襲った津波。

　5月23日4時11分（日本標準時）、南米チリ沖（南緯38.29°、西経73.05°）でモーメントマグニチュード9.5（Mw9.5）という空前の地震が起きました。人類が地震計を使って観測できた最大の地震です。2011年3月11日の東北地方太平洋沖地震はMw9.1なので、その約4倍のエネルギーを一気に放出したことになります。

　この地震のエネルギーは、地球全体をも振動（地球自由振動）させたほどのものでした。地球自由振動とは、釣り鐘をたたくと釣り鐘全体が震動してゴーンという音を出すのと同じ現象です。強い衝撃を与えられた地球全体がぶるぶると震えたのです。ぶるぶる震えるといっても、その周期は1112秒（約18.5分）という長いものなので、もちろん音としては聞こえません。従来からその存在は予想されていましたが、このような長周期の揺れを記録することはそれまでの地震計で

1960年　チリ地震津波

はできなかったのです。このころになってようやく長周期の波も記録できる地震計が開発されてきたために、地球自由振動の存在が実証されたのでした。

　この地震は前日にはMw8.2とMw7.9という、それぞれが単独で起きたとしても巨大地震といえる前震を伴っていました。また無数に起きた余震の中でも、Mw7.2、Mw7.0、Mw7.1という大地震が1ヵ月以内に起きています。さらに、地震の2日後のコルドン・カウジェ火山の噴火など、おそらくはこの地震によって誘発されただろう火山噴火も相次いでいます。チリではこの地震により、1700人以上の

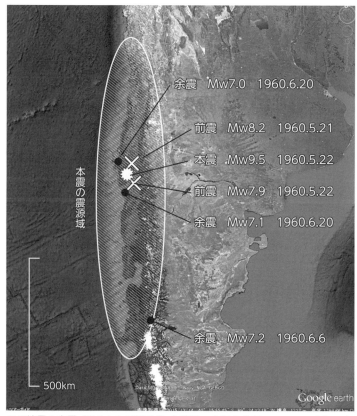

チリ地震の本震（震央とその震源域）と前震・余震の分布。©Google
（東京大学地震研究所の図をもとに作成）

犠牲者が出ています。

　地震は南米のナスカプレートが、南米プレートの下に潜り込むところで起きたプレート境界型の地震、断層は低角の逆断層でした。日本の太平洋側で起こる大地震・巨大地震と同じメカニズムです。ただ、その震源断層の長さは800km～1000km、断層のずれは最大で20mに達するという超巨大地震でした。この地震は、潜り込む海のプレートに引きずり込まれていた陸のプレートが跳ね上がって地震が起こるというタイプだったため、津波は押し波から始まることになりました。

ナスカプレートとその動き。

　その津波は高さ20m近いものとなり、近くのチリ沿岸を襲ったばかりか、太平洋側にも広がっていきました。太平洋側に広がった津波は、地震後15時間後にハワイに到達しました。ハワイでの津波の高さは10mを超えたところもあったといいます。とりわけ、ハワイ諸島のなかでは一番南東にあるハワイ島の東側（チリ側）、日系人も多く住んでいるヒロで大きな被害が出ました。第1波は現地時刻の真夜中過ぎに到着、第2波はそれからさらに1時間後に到着しました。第2波の方が大きな津波でした。じつは、20時には津波への警戒を

促すサイレンが鳴らされていたのですが、その意味がわからなかった人も多く、あるいは津波を見に海岸に近寄った人も多く、また第1波でもう終わりと思った人も多く、ヒロ市で61人（全体で834人？（中央防災会議報告書による））という犠牲者を出してしまったのです。

日本には地震発生後22.5時間、ハワイが津波に襲われてから7.5時間後にその津波の第1波が到達しました。日本で一番早く津波が到達したのは伊豆大島で24日2時33分、以後北海道から東北と太平洋岸を襲い、枕崎は5時50分でした。なお、当時の沖縄はアメリカ領で気象庁の管轄外だったために、沖縄での津波についての記録は気象庁に残っていません。

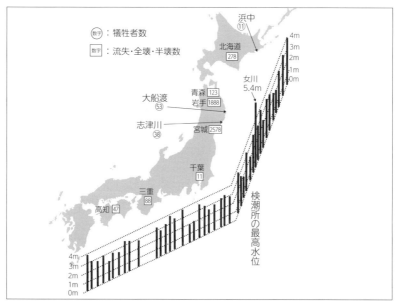

チリ地震津波の各地の高さと犠牲者。
（防災科学技術研究所・自然災害情報室ホームページの図をもとに作成）

第1波よりも、それから2時間から4時間後にやってきた第3波、第4波の方が大きかったという場所が多かったようです。

だいたいの地域では押し波から始まっています。それも水の壁が押

し寄せてくるというより、海水が膨らんできたようだったというところが多いようです。あたかも満潮時に海水面が徐々に上がってくるような感じで、でもそれよりはもっと速く、そして規模も大きくせり上がってきた海水が防潮堤を越えると、あとは濁流のようになって内陸奥深くに入り込んでいくというものでした。こうした様子も2011年の東北地方太平洋沖地震（250ページ）の時に発生した津波と似ています。

　チリから太平洋を渡ってきた津波は、日本の太平洋に面した海岸のほぼ全部を襲い、全国で142人もの犠牲者を出すことになりました。犠牲者数142人のうち、岩手県が58人、宮城県が45人と両県に集中しています。両県の海岸は、湾の口から奥に行くに従って狭くなるという湾がたくさんあるリアス式海岸です。このような湾では、奥になるほど津波のエネルギーが集中して高い波になります。さらに多くの場合、港や街は波が一番高くなる湾の奥にあります。こうしたことからリアス式の海岸は津波被害を受けやすいのです。

チリ地震津波、直後の惨状。
（Rue des Archives/PPS 通信社）

　最大の被害を出したのは大船渡市でした。大船渡市だけで犠牲者は53人にもなります。大船渡湾は1896年、1933年の三陸沖地震では

それほど大きな津波にはなりませんでした。一方1896年、1933年には大津波に襲われた田老は、1960年のときは被害がほとんど出ていません。こうしたことは、湾の形が津波の大きさに強く影響していることを示唆しています。つまり、湾が細長く内陸に入り込んでいる大船渡湾の形が、ちょうど太平洋を渡ってきた津波の長い周期と共鳴して、この湾でとくに津波を大きくしたと考えられます。同じように湾が奥深く内陸に入り込んでいる宮城県の志津川でも38人の犠牲者が出ています。

　チリは日本に対してほぼ地球の裏側にあたり、距離は約17000kmです。それを22.5時間で渡ってきたのですから、時速にすると約756km、まさにジェット機並みの速さです。これを秒速に換算すると210mの速さになります。津波の伝わる速さは海の深さの平方根に比例します。逆算するとチリと日本の間の海の平均の深さは約4500mとなり、実際の海の深さとほぼ等しくなります。

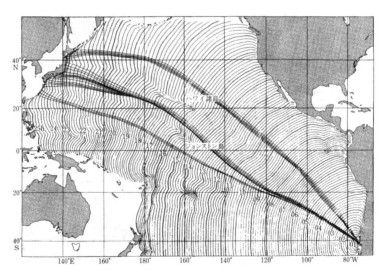

チリ地震津波の経路。太平洋の対極で収斂したことと、ハワイ諸島などで津波が屈折して日本付近に集まったことがわかる。
（内閣府防災情報のページより）

地球を半周もするような経路を伝わってきた津波が、なぜ日本でも大きなものになったのでしょうか。もちろん地震そのものの規模（マグニチュード）が、極めて大きかったということが第一の理由です。そして、ちょうど日本列島に対して太平洋の対極といってもいいところで発生した津波は、太平洋の中心でいったん拡散しますが、日本付近で再び集まった（集束した）ということが第二の理由として挙げられます。それに加えて、太平洋の真ん中に存在しているハワイ諸島などが、ちょうど凸レンズのような役割を果たして津波を日本付近に集束させたという効果もありました。さらにもう一つ、津波は細長く伸びる震源域の長軸に対して直角方向に広がる方が、短軸方向に伝わるものよりも大きくなります。日本はチリ地震の震源域に対して、まさに大きな津波が伝わるという向きに当たっているのです。こうしたことが積み重なって、日本で大きな津波となったと考えられます。

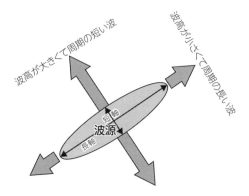

（気象庁のホームページの図をもとに作成）

この津波に対しては、当時の気象庁の津波警報（津波予報）が遅れて、また内容も正確でなかったために多くの犠牲者が出てしまいました。中央気象台（1958年から気象庁）は、1952年に津波予報体制を作っており、アメリカではそれより早く、1946年に国内向けの津波警報組織を作っていました。1960年のチリ地震のとき、気象庁の各地の地震計は地震発生から20分後には大きな揺れをとらえていました。

また気象庁には、地震直後にハワイの地磁気観測所の津波の警告や、さらにハワイの津波被害の報告が米軍からも届いていました。

しかし日本での津波予報は、一番早い仙台管区気象台で5月24日4時59分、札幌管区気象台で5時00分、中央気象台で5時20分、一番遅い福岡管区気象台では7時45分になってからでした。つまり、津波の第1波が伊豆大島で観測された2時23分から2時間以上も遅れ、さらに、すべてのところで津波よりあとになってしまっています。しかも、全気象台が出した予報はすべて「ヨワイツナミ」（被害はない見込みですが一応用心してください）でした。明らかに、津波を過小評価、事態を把握できていなかったことになります。

この反省に立って気象庁は、まず津波予報の発表文を改めます(*)。「ツナミナシ」を「ツナミナシ」と「ツナミチュウイ」に、「ヨワイツナミ」をたんなる「ツナミ」にしました。

* 現在の津波予報は、津波被害がないことを含めた「津波情報」、さらに「津波注意報」「津波警報」「大津波警報」になっています。

気象庁はまた、このような地震津波に対しては国際的な協力が不可欠ということから、積極的に海外との協力を進めるようになりました。現在の気象庁は、ハワイのホノルルにセンターを置く国際津波情報センター（ITIC）の下部組織である太平洋津波警戒・減災システムのための政府間調整グループ（ICG/PTWS）と協力しています。具体的には、北西太平洋で発生する津波の情報交換・早期警戒システムを担う北西太平洋津波情報センター（NWPTAC）を運営し、ロシアを含む北西太平洋に面した国々に対して情報提供をおこなっています。

129ページでも書いたように、日本近くで起きた地震による津波を近地津波、それ以外を遠地津波といいます。このチリ地震津波を機に過去の遠地津波が見直されました。その結果、政府の中央防災会議「1960年チリ津波」（2010年）には、1586年から2007年の420年間に19回の遠地津波があったと報告されました。すべて南米で起きた

大地震による津波です。このうち高さ1m前後の津波は5回、田畑や家屋が津波に流された例も5回、さらには1877年チリで起きたM8.3の地震による津波では、房総半島で犠牲者まで出ています。

　たしかに、1960年のチリ地震津波のような大津波ではありませんが、過去に多数の遠地津波があったことがわかってきたのです(*)。

* 　2010年、チリで発生したMw8.8の地震で発生した津波が日本でも観測されています。

* いろいろなマグニチュード
　地震の大きさは、ある場所での揺れの強さを示す震度と、地震そのものの規模を表すマグニチュードの二つの指標があります。マグニチュードはその地震のエネルギーの目安といい換えることもできます。ただ、あくまでも目安でしかなく、その値はそれほど厳密なものではありません。また、マグニチュードには何種類かがあり、それぞれの地震などに応じて使い分けられています。

　まず、震源が比較的近く浅い地震、さらにそれほど大きなものでない地震に対しては、リヒターのローカルマグニチュード（ML）がよく使われます。欧米ではもっぱらこれで、地震の規模はマグニチュードとはいわずにリヒタースケールということが多いようです。ただ、MLだと大地震の大きさ（エネルギー）をうまく表せないことがわかってきたので、一時表面波マグニチュード（Ms）というものがよく使われていました。

　さらに面倒なのは、気象庁はこれらのマグニチュードを使わずに、独自の気象庁マグニチュード（Mj）というものを使っていることです。もちろん、Mjでも他のマグニチュードと数値はあまり変わらないようになっています。

　しかし、大地震や巨大地震に対しては表面波マグニチュードでもうまくその規模を表すことができない、どんな巨大地震でもMs8.5くらいで頭打ちになってしまうということがわかってきました。そこで金森博雄（1936年〜、当時はカリフォルニア工科大学）は地震を起こす力（モーメント）などから地震の規模を表すことを提案しました（1977年）。これが、大地震、巨大地震に対して使われるようになったモーメントマグニチュード（Mw）です。

　たとえば、1960年のチリ地震も、1933年の三陸沖地震（156ページ）も表面波マグニチュードでは同じ8.5になります。しかしチリ地震の震源断層の長さは800km〜1000km、最大のずれ20mなのに対し、三陸沖地震の震源断層の長さは185km、ずれは最大で3.5mでしかありません。明らかにスケールが違います。でも、モーメントマグニチュードなら、チリ地震は9.5、三陸沖地震は8.5とその差が明らかにな

1960年　チリ地震津波

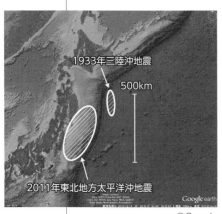
©Google

©Google

表面波マグニチュードだと同じ8.5の1960年チリ地震と1933年三陸沖地震だが、震源域の大きさがこれだけ違う。2011年の東北地方太平洋沖地震は、チリ地震に匹敵する大きさだったこともわかる。

ります。2011年の東北地方太平洋沖の震源域の長さは450km、ずれの最大は50mでチリ地震に匹敵するものでした。じっさいモーメントマグニチュードは9.1となり、それがわかりやすくなります。

　現在は大地震や巨大地震ばかりか、かなり大きな地震ならこのモーメントマグニチュードで地震の規模を表すことが多くなっています。つまり、リヒタースケールではなく、カナモリスケールが世界標準なのです。気象庁も大きな地震に対しては、気象庁マグニチュード（Mj）だけではなく、モーメントマグニチュード（Mw）も併記するようになりました。ただ、モーメントマグニチュードは求めるのに少し時間がかかるので、速報段階ではまず気象庁マグニチュードが発表されます。

　いずれにしても、マグニチュードが1つ大きくなるとエネルギーは約30倍になります。だから、マグニチュードが2つ大きくなると30×30で900倍（1000倍）、3つ大きくなると27000倍（30000倍）ということになります。さらに、マグニチュードが0.2大きいだけでエネルギーは2倍、0.5大きくなると5倍から6倍、0.8大きくなると15倍から16倍なります。これを当てはめると、この1960年のチリ地震（Mw9.5）は、2011年の東北地方太平洋沖地震（Mw9.0）の約4倍、1923年の関東地震（M7.9）の250倍、1995年の兵庫県南部地震（Mw6.9）の8000倍ものエネルギーだったということになります。なお、震度については227ページを参照してください。

1962年	6月29日　十勝岳噴火　犠牲者5人。
	8月24日　三宅島噴火　学童避難。溶岩流あり。
1963年	択捉島付近で地震　M8.1

1964年　新潟で地震（新潟地震）M7.5　液状化が注目された地震。

　6月16日に起き、犠牲者26人を出したM7.5の新潟地震です。戦後の復興も一段落して近代的な都市となった新潟を中心に、秋田県までの日本海側に被害が出ています。日本海側で起こる地震としては最大クラスのM7.5という地震でしたが、犠牲者は26人と少なかったので、「奇跡」ともいわれています。日本の地震につきものの地震直後に燃え広がる火災がなかったのがよかったのかもしれません。その

©Google

1964年　新潟で地震（新潟地震）M7.5

火災はおもに石油タンク5基が燃えて、近くの住宅に延焼したものです（後述）。

　津波も発生し、新潟で4mにもなり信濃川を遡って低地に浸水しました。また津波は、遠く隠岐の田畑をも冠水させています。

　震源（震源断層）に近い粟島は、島全体が1m隆起しました。粟島は隆起したおかげで津波による被害は出なかったといわれています。ただ、港が使えなくなったりとか、井戸が枯れたりというインフラでは大きな被害が出ました。

　この地震の震源断層の細かいことについてはよくわかっていないことが多いのですが、おおざっぱには北北東から南南西に走る西側へ傾斜する逆断層が震源断層で、おもにその西側が隆起する形で動いたものらしいといわれています。

　この地震によって初めて注目されたのが、地盤の液状化です。もちろん、それまでの地震でもたびたび液状化は起きていたのですが、初めて近代的な都市が大規模な液状化に見舞われたことになります。とりわけ、鉄筋4階建ての建物がそのまま横倒しになったなどの衝撃的な写真が全国紙に掲載されるなど、地震や建築の専門家以外の多く

倒壊した鉄筋4階建ての県営住宅。
（防災科学技術研究所オープンデータより）

第4章 1951年から2000年（昭和時代中期〜平成時代初期）

ブロックごとに崩れた昭和大橋。
（防災科学技術研究所オープンデータより）

の人たちも液状化という現象を目の当たりにすることになりました。なお、当時は液状化という用語は普及していなかったので、流砂現象といわれることの方が多かったようです。

　地盤の液状化とは、水を多く含んだ土地が地震で強く揺すられると、それまで固着していた土の粒子の結びつきがなくなって、全体が液体のようになってしまう現象です。その後、水と土の粒子が分離して土砂を含んだ水が噴出したりもします。

　水を多く含んだ土地は、旧河川敷とか埋め立て地とかに多くあります。かつては自由に蛇行して平野を流れていた河川も、現在は人々の都合によって堤防で流路を固定されています。でも本来は河川が自由に流れていた場所（本来の河川敷）では、その土地にはまだ水分がたくさん残っています。

　埋め立て地も同様です。長い歴史を経れば、液状化を繰り返すことによって堅い地盤になっていくはずの土地です。でも、まだ堅い地盤になっていないうちに、そのような場所に住み始めると（建築物がで

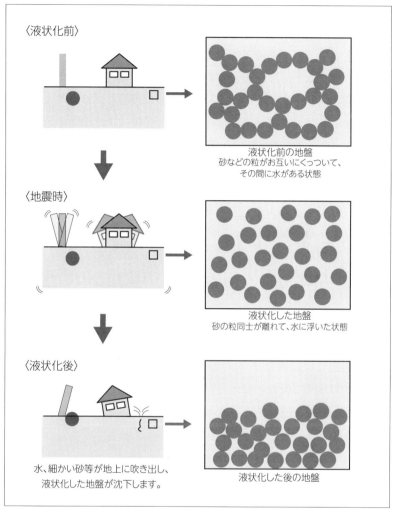

（地盤安心住宅整備支援機構ホームページの図をもとに作成）

き始めると）、液状化の被害を受けることになるのです。液状化が起こると土台が流されてしまうので、その上の建物は建っていられなくなります。そこまで極端でなくても、水が分離した後の地盤は沈下することになります。均等に沈下するということは期待できないので（不等沈下）、建物が傾いたりするのです。

現在このような土地だとわかっているところに建てられるビルは、深い安定した地盤まで達する基礎工事（杭を埋める）をしっかりとしなくてはならなくなっています。その結果、たとえば2011年の東北地方太平洋沖地震のとき、東京湾沿岸の埋め立て地でも大規模な液状化が起きましたが、ビルそのものの倒壊はありませんでした。もっとも、ビルは健在だったとしても、中の上下水道とか、エレベーターなどの設備に損傷があったり、また室内では家具が倒れたりという被害は出ています。

　一方、戸建ての住宅ではそのような深い基礎工事をしないのがふつうです。ですから建物そのものにかなりの被害を出してしまっています。最近では、このような土地に建てられる戸建て住宅でも、液状化の対策ができるようになっています（各住宅メーカーがいろいろな工夫をしています）。ただ、その費用の負担をどうするかなどの問題もあるようです。

　この新潟地震で火災も発生しました。石油タンクの火災は、地震で大きく揺すられた石油タンク内の石油が振動し（スロッシング現象を起こし）、その石油が浮き屋根も揺らし、その揺れた浮き屋根が側壁に衝突したために火花が発生し、その火花が石油に引火したものです。石油タンクを大きく揺らした原因は、軟らかい地盤特有の長周期振動

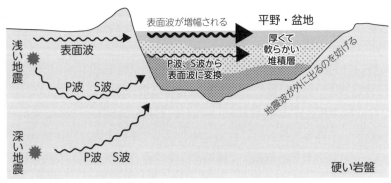

柔らかい地盤だと長周期振動が起きやすい。
（日本地震学会広報誌「なゐふる」60号（2007年）の図をもとに作成）

（ゆったりとした揺れ）が起きたためだといわれています。

　さらに地盤の液状化によって不等沈下が起きたため、防油堤に亀裂が入ったり、また、タンクそのものが火災による熱で崩れたりしたため、石油がタンク外に漏れ、さらには敷地外に流れ出してしまいました。その石油にも引火したため、近隣の民家 350 軒近くが全焼してしまったのです。結局 5 基の石油タンクの火が完全に収まったのは 2 週間後でした。

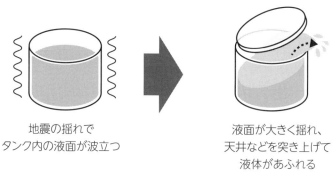

スロッシング現象。

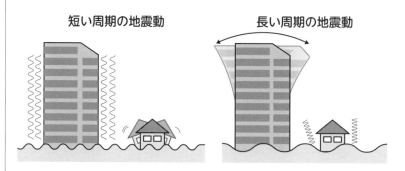

長周期振動は高層ビルや石油タンクなどの大きな構造のものを大きく揺らす。
（気象庁の図をもとに作成）

1964年 長野県松代町で地震（松代群発地震） M6.4
大本営跡に精密機器を設置したとたんに起きた地震。

　1964年〜1966年（〜1970年）松代を中心に群発地震が発生しました。総エネルギーM6.4に相当します。

　1964年8月3日、長野県松代町（現在は長野市と合併して長野市松代町（松代地区））の皆神山付近で起きた地震が、松代群発地震の始まりでした。群発地震とは、多数の地震が狭い地域に集中して起こる現象です。本震とそれに続く余震というものではありません。この松代群発地震は、1970年6月5日に終息宣言が出されるまでの間に、有感地震は6万回を超え、無感地震に至っては74万回を超えています。なかでも、1966年4月17日には、1日で有感地震が582回（2.5分に1回）、無感地震（人体には感じず、地震計だけが感じる地震）を含めると6780回（約13秒に1回）の地震が起こるというすさまじいものでした。終息宣言が出された今日でも、さすがに大幅に頻度は減っていますが、地震そのものはまだ続いています。

　最大の地震は、1966年4月5日17時51分に起きたM5.4です。また、これまでに起きた地震の総エネルギーはM6.4程度になります。震度5（当時はまだ震度5の強・弱の区別はありませんでした）の揺れが最大の揺れで、9回起きています。

　群発地震の活動は5期に分かれています。最初は皆神山を中心とする半径8kmの狭い範囲内で起きていただけだったのが、ステージが進むにつれて震源の範囲がだんだん広くなり、最終的には長径34km、短径18kmの楕円状にまでなりました。

　1回1回の地震は小さくても、これだけの多数の地震が起きて何度も何度も揺すられたために、全壊した家屋も出るようになってきました。また、地下水の湧出も目立ち、それによる山崩れなども起きるようになってきました。地震による直接の犠牲者こそ出ませんでしたが、1日中揺すられる住民の精神的な不安は大きかったことでしょう。

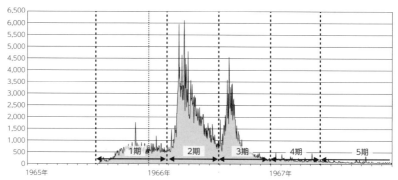

松代群発地震日別回数。

なお、この松代群発地震は、地震による発光現象がきちんと写真に撮られた最初の地震でもあります。この発光現象のメカニズムはまだわかっていません。

この松代群発地震はふつうの地震とは異なり、活断層が動いたものではありません。では、どういう地震なのかというと、今のところ地下水がマグマのようにはたらいて起きた地震という説が一番有力です（水噴火モデル）。マグマ起源の高圧の水が、割れ目を作りながら上へ、また水平方向にも広がりながら移動し、最終的にはいろいろな場所で

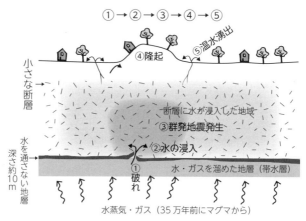

水噴火モデル。
（塚原弘昭氏の図をもとに作成）

第4章　1951年から2000年（昭和時代中期〜平成時代初期）

湧出するというものだったようです。この割れ目ができるときの衝撃、すなわち小さな断層ができるときの衝撃が地震となったのです。多量の水が山の斜面で噴き出たところでは、それによる山崩れも発生しています。水は田畑でも湧出して、その田畑が使えなくなったということもありました。ボーリング調査では温泉も噴き出ています（現在温

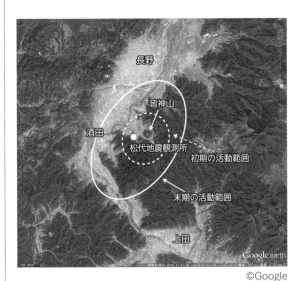

群発地震の震源の分布（上）と、群発地震の中心の皆神山（この地下に観測所がある）。

泉施設として利用されています）。

　この松代は、第2次世界大戦末期に大本営が置かれようとした場所でした。大本営とは日本軍全体を統帥する機関（天皇も加わり、方針を決定して全軍に命令を出す軍の最高機関）です。第2次世界大戦末期になると、東京も空襲に晒されるようになりました。そこで、大本営の疎開が検討されました。そして選ばれたのが、この松代の地だったのです。堅い岩盤に深いトンネルを掘り、中に広い空間を作って、皇居を含む大本営そのものをここに移転しようとしたのです。結局、大本営を移す前に戦争が終わったので、この広大な地下空間だけが残されることになりました。

　そこで気象庁（当時は中央気象台）は、この地下空間を利用して地震の観測を始めました（1947年）。ここでは、地上の雑音が届かない地下深くの堅い岩盤の上に、精密な地震計を直接設置できるのです。さらに岩盤の伸び・縮みや傾斜の変化も精密に観測できます。土地の傾斜を測る水管傾斜計の設置は1950年におこなわれました。また、地下深いトンネルということは、温度変化も小さいということでもあります。そこで1953年には、もともと熱膨張率のきわめて小さい石

地下深くに設置された地震計。
（松代地震観測所）

第 4 章　1951年から2000年（昭和時代中期〜平成時代初期）

石英ガラス管ひずみ計（床の覆いの中）と水管傾斜計（左の壁に見える細い管がその一部）。これらは南北方向、東西方向にも同じものがある。
（松代地震観測所）

英ガラスで作った長さ100mという長い棒を基準に、岩盤の伸び・縮みを直接観測する石英ガラス管ひずみ計も設置されました。これらの石英ガラス管ひずみ計や水管傾斜計は、1億分の1の変化を読み取れるそうです。

　さらに、世界標準地震計観測網（WWSSN）に参加して世界標準地震計や長周期の地震波を観測できるひずみ計、地震計を用いた観測を始めたのが、まさにこの群発地震が起こる2日前の1965年8月1日でした。あたかも、待ち構えていたところに地震が起きた形になったのです。

　日本は地震がとても多い国です。今村明恒が切望したように地震の予知ができれば、地震災害は大きく軽減されるでしょう。そこで、1962年にいわゆるブループリント（地震予知－現状とその推進計画）が発表され、1965年には実際に「地震予知計画」が始まりました。この間、1963年の丸山卓男論文によって、地震とは断層のずれ（断層がガタッと動いたときの衝撃）であることが理論的にも明らかにされ

1964年　長野県松代町で地震（松代群発地震）　M6.4

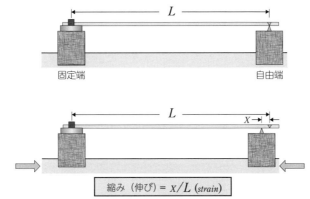

石英ガラス管ひずみ計：長さが変化しない石英ガラスの棒に対して、岩盤の長さがどう変化したかを読み取る。

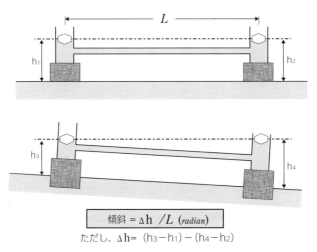

傾斜 = $\Delta h / L$ (radian)
ただし、$\Delta h = (h_3 - h_1) - (h_4 - h_2)$

水管傾斜計：水面の高さを基準に、岩盤傾斜の変化を読み取る。
（松代地震観測所ホームページの図をもとに作成）

ました。

　そしてこの松代群発地震です。気象庁が世界に誇る、当時世界最先端の観測機器を設置したその真下でたくさんの地震が起きたのです。地震学者たちの間では、一気に地震予知はできるのではないか、その時期は近いのではないかという雰囲気が盛り上がりました。

また、1970年代初めのころから、次の大地震は駿河湾を震源とする東海地震ではないか、うまくいけばこの地震の予知ができるのではないかという気運も高まってきました。そうしたことを背景に制定されたのが、「警戒宣言」を出す法的根拠となる「大規模地震対策特別措置法」（1979年）です。しかし今日まで、東海地方で想定している地震は起きていません。

決定的だったのは、2011年3月11日の東北地方太平洋沖地震です。地震学者たちの多くは、東北地方（日本海溝沿い）でこれだけの規模の地震が起こるとは予想できていませんでした。こうして地震予知の夢は急速にしぼむことになりました。そのために、日本地震学会も2012年に予知の見直しをおこなっています（地震及び火山噴火予知のための観測研究計画の見直しについて（建議））。内容は、具体的な「予知」実現よりも、その前提となる観測と基礎研究に軸足を移そうというものです。

1968年 日向灘で地震（日向灘地震）　M7.5

1968年 ## 青森県東方沖で地震（十勝沖地震）M7.9

名称は十勝沖ですが、青森を中心に東北から北海道で被害が出ました。また、三陸で3m〜5mの津波、北海道襟裳岬で3mの津波が襲ってきました。だから実際は三陸沖北部の地震だと思われています。しかし、震源の深さが特定できていません。地震による山崩れや津波のために、犠牲者52人が出ました。この地震では、コンクリートの建物の被害が目立ちました。

1972年 八丈島東方で地震（八丈島東方沖地震）　M7.2　異常震域をともなう深発地震。

1973年 西之島噴火　新島形成、旧島につながる（1974年）。

1973年 根室沖で地震（根室半島南東沖地震）M7.4
宇津徳治が予知した地震。

6月17日、根室半島南東沖で起きた、M7.4の地震です。

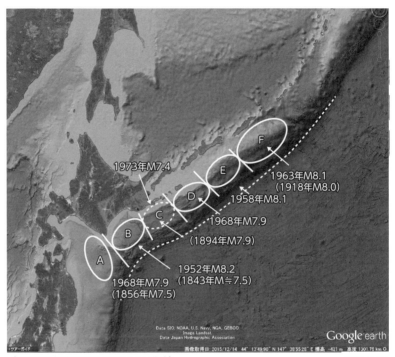

（防災科学技術研究所の図をもとに作成）　　　　　　　　　©Google

　北海道東方の震源域も、南海トラフと同じような地震の起き方をしています（南海トラフの地震の起き方、176ページ）。つまり、図のA〜Fの領域ごとにきれいに震源域が隣り合っていて（しかもダブっていなくて）、どこかの領域で地震が起こると、これらに隣接する他の場所でも短い時間内に地震が起こる、全体として20年間くらいの活動期と、その間の100年くらいの静穏期を繰り返しているという傾向です。

　ただ、この東北北部から北海道が南海トラフと違うのは、古い時代

の記録がないために昔のことがあまりよくわからないことです。たとえば、1843年にC、D領域が一緒に動いた（連動した）巨大地震があったともいわれていますが、記録からは確認できません。

いずれにしても、このような地震の起き方に注目したのが地震学者の宇津徳治（1928年〜2004年）でした。図を見るとわかるように、B領域での1952年のM8.2の地震をきっかけに、E領域で1958年M8.0、F領域で1963年にM8.1、1968年にA領域でM7.9、D領域で1969年M7.8という具合に地震が起きています。さらにA領域では、1968年の前は1856年にM7.8、B領域では1843年にM8.4、F領域では1918年にM8.0という具合に起きています。もちろん、C、D、E領域では地震はなかったということではなく、記録がないということなのでしょう。さらにこのあたりは、100年くらいの間隔を開けて起こるM8クラスの地震の間にも、M7くらいの地震はもう少し頻発に起こる、地震活動が活発な場所なのです。

こうしたことから宇津は、1970年初めころからC領域で近々大地震が起こるだろうと予想し、また警告しました。そして、その予想通りに1973年にM7.4の地震が起きたのです。

宇津のような一流の学者と、巷を騒がせている「地震予測者」の大きな違いは、自分の「予測・予知」に対する厳しい自己検証をおこなうかどうかだと思います。「地震予測者」たちは、ほんの少しだけ自分の予知がかすったと自分が判断したら、「予測が成功した」と過大に自己評価しています。さらにこのくらいにほぼ予測通りの地震が起きたら、「大当たり」と吹聴して回ることでしょう。

ところが、宇津は不満でした。それは、宇津はマグニチュードが8前後の地震を考えていたからです。実際に起きた地震のマグニチュードは7.4ですから、エネルギーは予想した地震の1/5から1/6程度でしかありません。まだ、蓄えられていたエネルギー全部が解放されたわけではないと考えたのです。

地震予知には、いつ起こるか、どこで起こるか、規模（マグニチュード）はどの程度かという3つの要素があり、そのうち一つでも無視

すればまったく意味がないものになってしまいます。たとえば、南関東でM7クラスの地震が起こるといっても、それはいつか必ず起こるので、その時期をいわなければ意味がありません。いい続けていればそのうちに起こるので必ず当たります。また細かいことをいうと、M7クラスなら、南関東のどのあたりを震源域とするかまでいわないと、防災上はほとんど役に立ちません。M7クラスの場合は、被害は局所的なものだからです（230ページ）。

1973年の地震の場合、宇津は自分の予測は必ずしもあたったわけではないと自己評価したのです。こうした自己に厳しい姿勢こそが科学者に求められるものでしょう。

ただ、後になってこの地震の表面波マグニチュードを求めてみたら、M7.8となり、宇津の予測に近くなりました。さらに1993年に起きた釧路沖地震（北緯42.9°、東経144.4°、M7.5、Mw7.6）が、まだ溜まっていた残り（の一部）を解放した地震かもしれません。

1974年 新潟焼山噴火　投出岩塊で犠牲者3人。

1977年 有珠山噴火　犠牲者3人。

1978年 1月14日　伊豆大島近海で地震（伊豆大島近海沖地震）　M7.0（Mw6.6）犠牲者25人、前震が活発だったので気象庁から地震情報が出ていた。

6月12日　宮城県沖で地震（宮城県沖地震）　M7.4（Mw7.6）犠牲者28人（うち倒壊したブロック塀などによる圧死18人）。

1979年 10月6日　阿蘇山噴火　犠牲者3人。

1979年 御嶽山噴火　噴火記録がなかった火山の突然の噴火。

10月28日早朝、御嶽山（3067m、日本では富士山に次いで高い火山）が突然噴火しました。御嶽山は当時でももちろん活火山として知られ

ていた山でした。

　1975年に火山噴火予知連絡会は活火山を、「噴火記録のある火山および現在活発な噴気活動のある火山」と定義して、77の火山を活火山と認定しました。当時は噴火記録もなく、また噴気活動も活発ではなかった御嶽山も、なぜかこの77の一つになっていました。つまり当時の気象庁は、御嶽山を活火山と認識していたことになります。

御嶽山の噴火。南西方向から。
（気象庁ホームページより）

　それまでは漠然と、噴火記録がない火山を死火山、噴火記録はあるが現在は噴火していない火山を休火山といっていたので、そういうイメージで噴火記録のなかった御嶽山は、多くの人たちには死火山と思われていたのでしょう。死火山だったはずなのに、突然噴火したという印象が強く残されたことになります。じつは、北海道の雌阿寒岳も、死火山と思われていたのに1955年に突然噴火したことがありました。

　こうしたことをきっかけに、気象庁は休火山、死火山という用語は使わないようになりました。火山学者など専門家以外の人たちには、

死火山という表現では噴火の恐れはまったくない火山と思われてしまうし、休火山という表現でも当面は噴火の恐れはないというように取られてしまうということから、以後、気象庁や火山学者の多くは逆に、「今は、死火山・休火山という用語は使いません」と強調するようになりました。

1991年に火山噴火予知連絡会は再び活火山の定義を見直し、「過去およそ2000年以内に噴火した火山及び現在活発な噴気活動のある火山」としました。これで日本の活火山は83になり、1996年には3つ追加され86になりました。さらに、2003年には国際標準の定義「過去1万年以内に噴火した火山及び現在活発な噴気活動のある火山」と合わせることにしました。この結果、日本の活火山は108になり、2011年に2つ追加があって2016年段階では110の活火山が認定されています。ただ、この110のうち11の火山は、いわゆる「北方領土」にあります。

一つの火山の寿命は数十万年という長さがふつうです。だから、数十年、数百年、それどころか数千年活動を停止していても、長い火山の寿命の間では短い期間に過ぎません。休火山という分類は、この火山は当面は安全な火山という誤解を招きかねないというのが、気象庁や多くの火山学者たちの見解・心配なのでしょう。

ただ、本当は死火山や休火山という言葉は便利な言葉だと思います。たとえば、もう噴火の可能性がほとんどない鳥取の大山は死火山、宝永の噴火以来噴火を休んでいるがそのうち噴火するだろう富士山を休火山と表現するなどです。だから休火山であってもまだ噴火の可能性があるし、死火山とする場合はもう噴火の可能性がほぼないという火山に限定すればいいと思います。あまり細かい定義をもとに、死火山、休火山という言葉に対して目くじらを立てる必要もありません。それがどのような場面で、またどのようなニュアンスで使われているかが問題なだけだと思います。

1979年の御嶽山の噴火は、マグマの関与がない水蒸気爆発（121ページ）で、噴火の規模もそれほど大きなものではありませんでした。

また噴火が始まった時刻も早朝だったために、登山者は山頂付近にはいませんでした。そのために犠牲者は出ていません。ただし、山麓の農作物は火山灰で被害を受けています（2014年の噴火については268ページ）。

なお、火山体はもろいものです。とくに溶岩以外に火山灰や火山礫も降り積もってできる成層火山（富士山のような形をした火山）はもろい山体となっています。この御嶽山も、1984年9月4日の「昭和59（1984）年長野県西部地震（M6.8）」の揺れで、山頂のやや南方に生じた山崩れが10kmもなだれ落ち、またこれとは別に発生した王滝村の山崩れでは、29人の犠牲者を出しています。

また、2016年の熊本地震でも、阿蘇山のいたるところで山崩れが起こり、その最大のものが阿蘇大橋を押し流してしまったことは、記憶に新しいところです。

1983年 日本海で地震と大津波（日本海中部地震）M7.7

5月26日正午ごろ、日本海中部で発生したM7.7の日本海中部地震です。104人の犠牲者が出ました。100人が津波によるものです。

日本海側で起こる地震としては最大クラスの地震です。この地震まで、なんとなく日本海では大津波はない、津波被害は受けないのではないかと思われていたようです。実際1964年の新潟地震では、確かに津波は発生しましたが深刻な被害にはなりませんでした。

ところがこの地震では秋田県八竜町での高さ6.6mを最高に（秋田県峰浜村では14mだったという推定もあります）、青森・秋田の沿岸各地に大津波が襲ってきました。しかも、震源域が陸地に近かったため、地震からほとんど時間をあけないで津波が襲ってきました。一番早かった深浦では、地震の7分後に津波がやってきています。仙台管区気象台が津波警報（オオツナミ）を出したのは、地震の14分後の12時14分です。つまり、気象庁の津波警報が間に合わなかったという

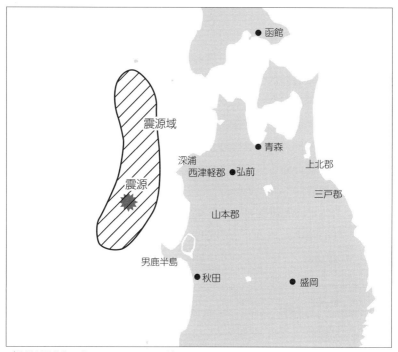

（防災科学技術研究所の図をもとに作成）

ことになります。

　津波犠牲者のうち41人は港湾工事作業中の人たち、17人が沿岸で釣りをしていた人たち、14人が遠足・観光で海岸に来ていた人たちです。最後の14人のうち13人は、男鹿半島（半島の西側の青砂）に遠足に来ていた秋田県合川町立合川小学校（合川町は現在は北秋田市）の児童たちです。遠足に来ていた児童たちがちょうどお昼のお弁当を広げようとしたときに大津波が襲ってきて、教員を含む43人が津波にさらわれました。直ちに近くの漁船などが救助に当たりましたが、児童13人が助かりませんでした。また、残りの1人は男鹿水族館に観光で訪れていたスイス人女性です。

　港湾作業中の人たち、釣り人たち、また遠足の教員・生徒たちは地震そのものに気がつかなかったかもしれません。また気がついたとしても、地震の揺れが収まって安心し、津波にまで気が回らなかったの

かもしれません。屋外にいた人たちは津波警報が出ても、それを知ることができなかったのかもしれません。だから、多くの人たちには不意打ちの津波だったと思われます。

この地震は、日本の東北部にくさび形に食い込んでいる、北米プレートとユーラシアプレートの西側の境界で起きた地震だと考えられています。ただ、プレート境界で起こる地震とはいっても、太平洋側で起こる地震とは異なります。海のプレートが陸のプレートの下に潜り込む場である日本海溝や南海トラフ沿いの地震とは違って、ここは陸のプレート同士の境界です。ですから、片方がもう片方の下に潜り込むということではなく、両プレートが単純に押し合っている場なのです。そのために、ここでは逆断層の地震が多いということになります。

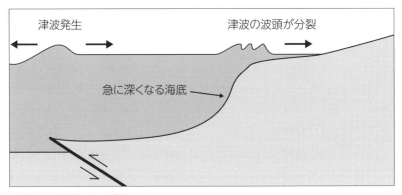

日本海中部地震による津波。

この日本海中部地震の場合は、東傾斜の逆断層、東側が隆起するようなものでした。このため、震源域（津波の波源域）が陸地に近くなってしまったのです。津波は震央の位置ではなく、震源域がどれだけ陸に近いかで、地震後どのくらいの時間で津波が到達するかが決まります。太平洋側の巨大地震では、震源域から陸地までの距離があるために、津波がやってくるのは地震が起きてから数十分後になることが多いのに対し、日本海側の地震による津波では、震源域が陸地に近いため地震の後きわめて短時間でやってくる可能性が高いのです。実際、

1993年の北海道南西沖地震（222ページ）では、奥尻島は地震の5分後に津波に見舞われています。

　1983年ともなると家庭用ビデオカメラも普及し始めていて、この津波は何ヵ所かで動画が撮影されています。また、写真もかなり撮られています。こうした画像によって、同じ地震による津波とはいっても、場所によってそのタイプは大きく異なっていたことがわかりました。海岸からいきなり深くなるような所では、海面が盛り上がってきたかと思うと、いきなり防潮堤を越えて内陸に侵入してくるというものになっています。遠浅の海岸では、波頭がいくつにも分裂して襲ってくる様子も撮影されています。遠浅の海岸といっても、海岸から少し離れると急に深くなるので、その部分で波頭が分裂するということもわかってきました。

　さらにこの地震による津波の特徴は、津波が何回も何回も押し寄せてきたということです。これは日本海という閉ざされた海域で発生した津波が、対岸であるアジア大陸で反射し（朝鮮半島でも犠牲者が出ています）、それが再び日本にやってくる、その津波が日本列島で反射してまた大陸に向かうということを繰り返したためです。もちろんだんだん弱くなりながら、それでも1日間くらい続いた津波でした。

　この地震は、明瞭な前震（もちろん本震が起きた後にあれは前震だったとわかる）がありました。5月14日22時49分M2.9、5月22日4時52分M2.4、22日14分M2.3などです。また、本震そのものも、逆"く"の字型の震源域のそれぞれの部分できわめて短い時間間隔で起きた二つの地震という可能性もあります。もちろん、前震を伴わないでいきなりぐらっと本震が来ることもあるので、大地震の前には必ず前震があるということではありません。たまたまこの地震では明瞭な前震があったということに過ぎません。

1983年　三宅島噴火　溶岩流あり。

1984年　長野県南部で地震（長野県西部地震）　M6.2　王滝村で崖崩れ。犠牲者29人。

1986年 伊豆大島の大噴火　全島民避難。

　11月に伊豆大島が大噴火を起こしました。この噴火では、まず1986年7月から火山性微動が観測されはじめ、10月27日からは連続微動となりました。あきらかに地下のマグマが活動していることを示すものです。そして、11月12日には火口からの噴気が見られるようになってきました。このころはまだ余裕があり、観光客の増加を見込んで喜んだ関係者もいたといいます。

　しかし、とうとう11月15日17時25分に噴火が始まりました。噴火したのは中央火口（A火口）、そこから溶岩・火山弾・スコリア（黒っぽい軽石）を高さ500mまで噴き上げ、噴煙は3000mにまで登りました。そして直径300m、深さ220mの火口はだんだん溶岩で満たされ、その溶岩は次第に火口縁からあふれ出し、カルデラ底に流れ

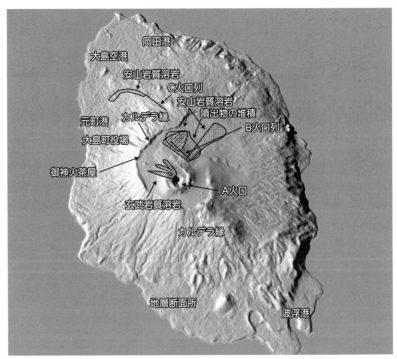

陸域観測技術衛星だいち（JAXA）のデータをもとにカシミール3Dで作成した図に加筆。

出していきました。

　11月21日16時15分、こんどはA火口の北側のカルデラ内に割れ目火口（B火口）が開き、そこから溶岩が北方と北東方向に流れ出しました。この時点で、噴煙は1万6000mの成層圏の高さまで達しました。

　17時46分、さらにB火口の延長上、カルデラの外に新たな割れ目火口（C火口）が開き、そこから谷沿いに流れ出した溶岩は元町に向かいました。

　溶岩は元町まで数百mにまで迫ってきました。11月21日夜、大島町合同対策本部は全島民に対し避難命令を出しました。島にあるバスを動員して島民、観光客を元町に集め、定期船を運航している東海汽船や漁船、さらには海上保安庁、自衛隊の船まで加わり、翌日（22日）の昼前までには、全島民約1万1000人と観光客約2000人全員の脱出が完了しました。これだけの規模の全島避難は伊豆大島ばかりではなく、日本では初めてのことでした。避難生活は約1ヵ月続きました。このときの全島避難という対応は、その後の避難態勢の取り

A火口（11月16日）

A火口からあふれ出た溶岩（11月19日）

B火口（11月21日）

C火口（11月21日）

気象庁（ホームページより）

第4章 1951年から2000年（昭和時代中期〜平成時代初期）

組みに多くの教訓を与えるものとなりました。

　A火口、C火口の噴火は22日の朝までには収まり、B火口の噴火も23日までには収まりました。この噴火での噴出物の総量は、0.4億m³（6000〜8000万トン）と見積もられています。このときの噴火で流れ出た溶岩は、中央火口（A火口）では玄武岩、割れ目火口（B火口、C火口）では安山岩と種類が異なっていました。

　この約1年後、1987年11月16日、18日に噴火があり、竪穴状の火口を満たしていた溶岩が吹き飛ばされ、また火口が陥没してもとのような直径350m〜400m、深さ150mの竪穴が復活しました。さらに1988年1月、1990年10月にも小噴火があり、1996年になってようやく火口周辺の立ち入り制限が解除されました。

　現在の伊豆大島の最高点は三原山の758mですが、かつては高さ1000mほどの富士山型の山であったと考えられています。この山は、3〜5世紀ころに起きた激しい噴火で中央部が陥没し、また山崩れも起きて現在のような山体になったと考えられています。

　伊豆大島の溶岩はおもに玄武岩です。そのために噴火様式はストロ

御神火茶屋付近から見る溶岩流（2004年1月28日）。

ンボリ式噴火(132ページ)というあまり爆発的な噴火にならないことが多いのです。それでもこの噴火のように安山岩質のマグマの場合もあり、そのときはかなり激しい爆発をともなった噴火となります。それ以上に怖いのが、浅い海底、あるいは地下水が豊富なところに火口が開いた場合です。もしそうなったら水蒸気爆発を起します。

島の南東の波浮港は、9世紀中ごろの噴火のときに地下水とマグマが接して激しい水蒸気爆発が起き、その爆発でできた火口に水が溜まった池でした。それが1703年の元禄地震(78ページ)のときの津波で海とつながったものです。この海に続いた水路を整備して、現在のような港にしたのです。じつは1986年の噴火のとき、一部の島民を割れ目噴火が起きている島の北側とは反対に位置する、島の南の波浮港から脱出させようとする案もありました。しかし、波浮港付近で火口が開いた場合のマグマ水蒸気爆発の可能性を考え、また波浮港では大型の船が港内には入れないということもあり、島からの脱出を元町港に集中させたという経緯もありました。

伊豆大島は100年に1回くらいの間隔で、溶岩を流す大噴火を起

中央火口の竪穴(2004年12月28日)。

こしてきました。比較的最近になってからでも14世紀（1338年？）の噴火、15世紀（1421年？）、16世紀（1552年？）、1684年～1690年、さらには1777年～1792年（安永の大噴火）があり、流れ出た溶岩が海や海近くまで達しています。

　その後、1876年～77年、1912年～14年、1950年～51年と小噴火・中噴火を繰り返しています。最後の噴火では溶岩を0.3億m³ほど流しています。また、この最後の中噴火の継続的な噴火と思われる活動はその後もしばらく続き、とくに1956年10月13日の小爆発では近くにいた観光客1人が犠牲になるということも起きています。1986年の大噴火は、安永の大噴火以来のカルデラ外での割れ目噴火をともなうものでした。

　また上に書いたように、伊豆大島の噴火のもととなるマグマは玄武岩質のものが多いのですが、玄武岩質といってもハワイの火山のマグマよりは安山岩に近く（二酸化ケイ素含有量が多く）、ハワイの溶岩の

地層大切断面（2004年12月29日）人物は身長1.7mの筆者。
何回もの噴火のたびに降り積もった火山噴出物（スコリア、火山灰）が作る地層。たわんでいるのは褶曲ではなく、もともと凹凸のある所に堆積したため。

ようには流れやすい溶岩にはなりません。そのために、火山の形もハワイのような盾状火山ではなく、富士山のような長い裾野を引く円錐形の成層火山となるのです。ただし伊豆大島の現在の形は、かつての頂上部が失われてカルデラとなっています。

1989年 平成時代始まる。

1990年～96年

雲仙普賢岳噴火　火砕流の恐ろしさを知らしめた噴火。

1990年11月17日に雲仙普賢岳の噴火が始まりました。前回の噴火が1792年（島原大変肥後迷惑、97ページ）だったので、約200年ぶりの噴火となります。この噴火の特徴は、何回も発生した火砕流でしょう。この噴火以前は、火砕流というものの存在を知っていたのは火山学者など一部の人たちで、当時はまだその名称も統一されていなく、熱雲という呼び名も多く使われていました。

火砕流とは火口から噴出した溶岩の細片、火山灰、火山ガス、また火口周辺の砕かれた岩石などが渾然一体となって、山の斜面を駆け下ってくるものです。イメージとしては噴煙が上に立ち上らずに、斜面に沿って噴き降りてくるというものです。その速さは時には秒速100mを超え、さらに先端から噴き出るサージ（火山ガスが主体のジェット流。火砕流の先端から噴き出ることがあります）はもっと速くなります。日本の火山の溶岩の場合、比較的流れやすい伊豆大島でも一日に数百m程度の速さですから、これなら流れ出した溶岩から十分逃げられます。しかし、火砕流はその速さばかりか、少しの高台でも簡単に乗り越えてしまいます。規模がまったく違いますが、2万9000年前の始良火山の破局噴火であふれ出た火砕流は比高700mの山を乗り越えています。

火砕流の一撃を受けると、その衝撃・高温、さらには有毒ガスによ

って生存することは困難です。火山災害の中で、もっとも怖いものといえるでしょう。

　火砕流にはいろいろのタイプがあります。一番大規模なものは、火

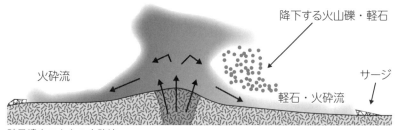

破局噴火のときの火砕流。

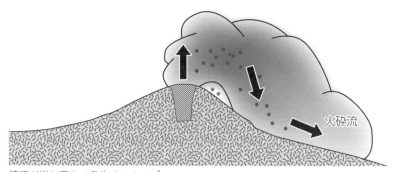

噴煙が崩れ落ちて発生するタイプ。

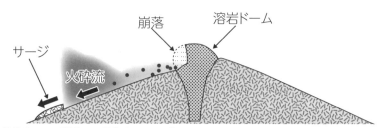

溶岩ドームが崩落して発生するタイプ。

口から大量の火砕流があらゆる方向にいっせいにあふれ出すというものであり、カルデラを作る破局噴火です（18 ページ）。

　また、噴き上げてきた噴煙が浮力を失い、途中で崩れるように落ちてきて火砕流になるものもあります。

　ここ雲仙普賢岳の場合は、粘りけの強いデイサイト質のマグマが火口から押し出されても流れずに溶岩ドームを作り、その溶岩ドームがさらに下から供給されるマグマによってより大きく成長し、また押し出されることによって不安定になり、先端部分が崩落することによって発生するというタイプでした。雲仙普賢岳では、このようにして火砕流は繰り返し何回も発生したのです。

　最初の火砕流は 1991 年 5 月 24 日でした。そして、最大の人的被害を出したのは 6 月 3 日の火砕流です。この火砕流によって 43 人の犠牲者が出ました。一番多かったのは報道関係者 16 人、ついで地元の消防団員 12 人、他に報道関係者に雇われていたタクシー運転手、農作業中の地元の人、警察官、市の職員と、火山学者 3 人（1980 年アメリカのセントヘレンズ噴火を体験したアメリカ地質調査所のハリー・グリッケン、火砕流の映像を撮りに来ていたフランスの火山研究家クラフト夫妻）も含まれます。

雲仙普賢岳と火砕流。

第4章　1951年から2000年（昭和時代中期～平成時代初期）

　彼らは火砕流が真正面から見える「定点」と呼ばれる場所で取材をしていました。避難勧告地域内ではありましたが、少し高台だったのでここなら大丈夫だと思っていたのでしょう。その日は天気が悪く、山頂付近の視界がきかなくなっていました。そうした中、16時8分にそれまでの中で一番大規模な火砕流が発生して、その先端から噴き出てくるサージが定点にいた人たちを襲ったのです。そして、合計43人の犠牲者を出してしまったのでした。

　一部に、現場にいた火山学者たちを「殉職」ととらえる人たちもいます。ですが当時は、報道陣や住民には火砕流の恐ろしさはあまり知られていない時代でした。なぜか当時の気象庁や専門家たちは、一般人に真実を告げるとかえってパニックになるという変な思い込みもあったようです。だから火砕流についてのきちんとした説明もなく、また「5月24日の火砕流は地学的に小規模」（これ自体は正しい）という言葉だけが一人歩きすることになってしまっていました。さらに5

今にも崩れ落ちそうな溶岩ドーム。
（内閣府防災情報のページより）http://www.bousai.go.jp/kyoiku/kyokun/kyoukunnokeishou/rep/1990-unzenFUNKA/pdf/2_kuchie.pdf

月26日の火砕流でやけどを負った人も出ていたのに、これが逆にやけど程度ですむという変な安心感につながってしまったようです。

　こうしたことを考えると、現場にいた火山学者たち（犠牲になった外国人学者3人ばかりでなく、直前に引き上げた日本の火山学者たちもいました）の責任は重いと思います。つまり「迫力ある写真を撮ってこい」と指示されていただろうカメラマンたちに、自分たちは火山を研究していてそのリスクがわかってここにいるのです、あなたたちは直ちにここから避難しなくてはなりませんと説得すべき立場だったのです。報道陣に次いで犠牲者が多かった地元の消防団員たちは、報道陣などを保護するという名目で、じつは彼らの監視もしていました。それは一部の報道陣が（電気などを使うために）、地元住民が避難して空き家になった家に勝手に入り込んでいたということもあったからです。報道陣を避難させていれば、これほど多くの犠牲は出さずにすんだことでしょう。

民家に迫る火砕流。
（内閣府防災情報のページより）http://www.bousai.go.jp/kyoiku/kyokun/kyoukunnokeishou/rep/1990_unzenFUNKA/pdf/2_kuchie.pdf

火砕流の発生は6月3日以降も続き、9月には避難対象人口が最大の1万1000人に達しました。1992年、1993年になっても火砕流は発生し続け、1993年には犠牲者1人も出しています。

　また雲仙普賢岳の噴火災害は、火砕流ばかりではなく、降り積もった火山灰が雨によって土石流となり、麓を襲ったりというものもありました。

　噴火は、1995年になってようやく沈静化に向かい、1996年にはほぼ終息しました。この間、火砕流の発生回数は9400回にもなりました。また、溶岩（換算）噴出量は2億m^3にも達しました。これは、1914年桜島噴火の噴出量20億m^3や1707年の富士山の宝永噴火の7億m^3よりは少ないですが、全島民避難となった1986年の伊豆三原山噴火の0.4億m^3を大きく上回る量です。活動期間が長かったため、噴出量の総量が多くなったということもあります。

　この一連の噴火で一番心配されたのは、1792年の「島原大変肥後迷惑」（97ページ）のような、山体崩壊とそれによって発生する津波でした。幸いにして山体崩壊は起きませんでした。

1993年 釧路沖で地震（釧路沖地震） M7.5（Mw7.7） 日本で11年ぶりに震度6を計測。

1993年 奥尻島付近で地震（北海道南西沖地震） M7.8（Mw7.7） また日本海で大津波。

　7月12日22時17分、奥尻島付近で起きたM7.8（Mw7.7）北海道南西沖地震です。

　朝の早い奥尻島の人たちが眠りにつこうとしていた22時17分に、突然大きな揺れが襲ってきました。当時の奥尻島には気象庁の職員がいなかったので正確な震度はわかりませんが、小樽や江差などでは震度5（強）で揺れたことを考えると、震源域上の奥尻島では最低でも

1993年　奥尻島付近で地震（北海道南西沖地震）M7.8

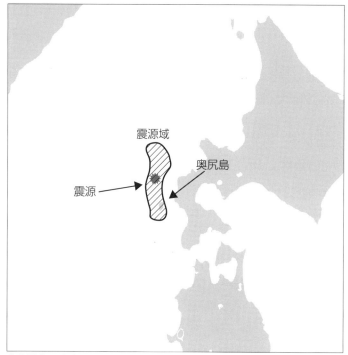

北海道南西沖地震の震源域。

震度6（弱）^(*)はあったのではないかと推定されています。

　この激しい揺れによって各地で山崩れが発生し、なかでも奥尻島東北部、奥尻港のある奥尻地区の崖下にあったホテルが崖崩れで倒壊し、下敷きとなった宿泊客と従業員41人のうち29人が亡くなっています。

　ですが、この地震による被害を大きくしたのは津波でした。とりわけ奥尻島は震源域（ほぼ津波の波源域）内にあったため、地震後5分もたたないうちに津波が到達した場所もあります。気象庁が津波警報を出したのは、地震の5分後の22時22分、それをNHKが緊急警報放送として流したのは、22時25分（24分47秒）です。1983年の日本海中部地震（208ページ）のときの津波警報発令が地震後17分であったことを考えると、大幅な改善ではありますが、それでも間に合わなかったことになります。

津波の高さは、直撃を受けた西側で大きく、その後の調査で藻内地区の谷沿いでは最大31m（遡上高）もあったことがわかりました。しかし、一番大きな被害を受けたのは島の南部青苗地区でした。ここでは津波の高さは5m〜10mでしたが、その津波は島の両側から回り込んだもの、北海道本土で反射したものなど何波にも渡って襲ってきたのです。1983年、日本海中部地震のときの津波は、地震発生から17分後でした。この経験から迅速に行動した人たちもいましたが、少しは余裕があると判断した人たちもいたようです。また、徒歩の人はすんなり高台に到達できましたが、車で逃げようとした人たちの中には渋滞に巻き込まれて逃げ遅れた人もいます。住民1400人が住んでいた青苗地区で105人、さらに青苗地区のなかで南端の岬部分付近（青苗五区）では、住民の約1/3に当たる70人の犠牲者を出して

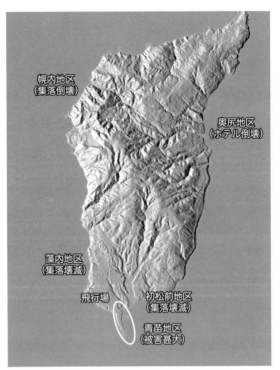

奥尻島の被害状況。
（奥尻町役場の資料をもとに作成）

います。

　青苗地区では地震後火災も発生しました。津波が引いた後も、津波によって道路が寸断されていて、あるいはがれきによって消防活動ができずにいるうちに延焼、さらにはプロパンガスのボンベ、灯油タンクなどにも引火しました。世帯数500ほどのこの地区のうち、115世帯が罹災してしまいました。上記犠牲者の中には、この火災による犠牲者も含まれます。

　結局この地震と津波によって奥尻島だけで198人、さらに北海道本島と青森での犠牲者を合わせると230人の犠牲者という大惨事になってしまいました。

　この地震の震源断層はほぼ南北に延び、その西側が隆起する逆断層であったと考えられています。奥尻島は断層の東側だったので、島全体が沈降しました。その沈下の大きさは、断層に近い島の西側で80cm、東側では20cm〜50cmほどでした。

　北海道から新潟県にかけての日本海側は、日本海東縁ひずみ集中帯（日本海東縁変動帯）とも呼ばれ、東西方向に圧縮力が加わっている場所です。だから、南北方向に断層が走っている場合は、今回のように西側が隆起する西傾斜の断層か、あるいは1983年の日本海中部地震のように東側が隆起する東傾斜の断層ということになります。ただ今回は地震の規模に対する津波の大きさから、海底の地滑りもあって、それが津波を大きくしたという可能性も考えられています。

　日本海東縁ひずみ集中帯は断層ばかりか、断層を作った圧力によっ

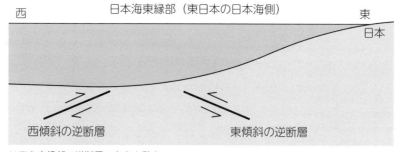

日本海東縁部の逆断層の向きと動き。

て褶曲（活褶曲）もできているということが、昨今の海底の探査でわかってきました。

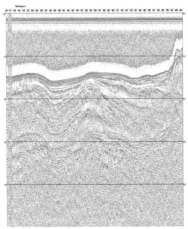

日本海東縁部の海底の地下で見られる褶曲構造。東西方向の圧縮力でできる。
（産総研・地質調査総合センターの海域地質構造データベース https://gbank.gsj.jp/marineseisdb/index.html による）

　この1993年の北海道南西沖地震は、1940年の積丹半島沖地震（M7.5）、1983年の日本海中部地震（M7.7、208ページ）の間の空白域で起きた地震ということになります。さらに、1964年の新潟地震（M7.5、190ページ）などの震源域もつながるということがわかります。

　そして、新潟県西部から長野にかけて起こる内陸の地震、たとえば1847年の善光寺地震（M7.4、102ページ）の震源域なども並ぶことから、ここにプレートの境界が存在しているのではないかという考えが出てきました。最近は、北米プレートがくさびのようにここに割り込んでいて、その北米プレートとユーラシアプレートの境界での押し合いが、これらの地震を起こす原因となっているという考えが主流になってきています。この境界には、幅を持った範囲で南北に走る断層が平行にたくさん並んでいて、それらの断層が動くこと（地震を起こすこと）で、押し合いで生じたひずみを解消していると考えられています。

1993年　奥尻島付近で地震（北海道南西沖地震）M7.8

日本列島付近の4つのプレートとその境界。　　　　　　　　　　©Google

*　震度

　1993年、北海道南西沖地震のとき、奥尻島には気象庁の職員（係員）がいなかったので、本文に書いた震度6はあくまでも推定値です。被害の状況から一部では震度7に達していた可能性もあります。

　そもそも震度は、ある場所での揺れの程度を震度0（地震計だけに感じて人体には感じない地震）から、震度7（1947年の福井地震の強い揺れで決められた一番強い揺れ）の8段階として決められてきました。たとえば震度3は、屋内にいる人のほとんどが揺れを感じ、棚にある食器類が音を立てることがある、震度4は、ほとんどの人が驚く、棚にある食器類は音を立てる、据わりの悪いものは倒れることがある、などです。こうした基準をもとに、気象庁の職員が体感で震度を決めていました。

　しかし気象庁は、1996年4月以降、計測震度計を用いて自動的に測定するようにしました。さらにその10月以降、震度5と震度6については強と弱の2段に分けたので、現在震度は10段階になっています。計測震度計を用いることによって気象庁の観測点は飛躍的に増え、さらには防災科学技術研究所、大学、地方公共団体が設置したものも含めると、全国の4300以上の場所で震度が即時に測られるようになりま

した。1996年の切り替え時に設置した600台から飛躍的に増えたことになります。その結果、それまではきわめてまれであった震度7もしばしば計測されるようになりました。しかしこれは、日本で強い揺れを伴う地震が増えたということではありません。観測地が増えたために、それまでだったら震度が測れなかった地点でも測ることができるようになったからです。

　震度は、震央に近いほど揺れが大きいのがふつうなので、震度も大きくなります。ただ、揺れの程度は地盤の性質（軟らかい地盤ほど揺れが大きくなりやすい）、建物の種類（木造より鉄筋の建物の方が揺れが小さい、ただし高層ビルでは上の階ほど揺れが大きくなり、木造の建物よりも大きく揺れることが多い）などによっても大きく左右されます。また、地球の深い部分の地下構造のために、揺れの中心が震央から大きくずれる異常震域という現象もあります（278ページ）。

1994年　10月4日　北海道東方沖地震　M8.2（Mw8.3）　津波あり。択捉島で犠牲者10人。

12月28日　三陸はるか沖地震　M7.6（Mw7.7）　犠牲者3人。

1995年 兵庫県南部で直下型地震（兵庫県南部地震）Mj7.3（Mw6.9）　鉄筋の建造物も倒壊。

　1月17日の早朝5時46分、兵庫県南部を襲ったMj7.3（Mw6.9）の兵庫県南部地震です。震央は東経135.0°という、日本標準時の基準となる子午線上で起きた地震ということになります。

　この地震は、いわゆる「都市直下型地震」（正式な気象庁の用語ではありません）です。近代的な大都会神戸市の下を震源断層が走ったのです。犠牲者は6437人にのぼりました。この数は、戦後の混乱がまだ続いていた1948年の福井地震による犠牲者数3769人を上回り、1960年の伊勢湾台風による犠牲者5098人をも上回る、当時としては戦後最悪の自然災害となりました。

　この被害をさらに上回ったのが、2011年の東北地方太平洋沖地震（東日本大震災）です（250ページ）。

　この地震による強い揺れで高速道路、高架鉄道、ビルなどの強固で地震に対しても強いと思われていた建造物も数多く倒壊してしまいま

1995年　兵庫県南部で直下型地震（兵庫県南部地震）Mj7.3

倒壊した高速道路。
（©KENGO OKURA/SEBUN PHOTO/amanaimages）

地震後発生した火災。
（©Kaku Kurita/amanaimages）

した。地震後、火災も発生しましたが、死因の77％が倒壊した建物による圧死でした。未明に起きた地震であり、多くの人は自宅にいてまだ寝ていた人も多かったであろう時間帯に起きた地震です。地震による強い揺れで倒れ始めた家屋から機敏に逃げ出すことができた人た

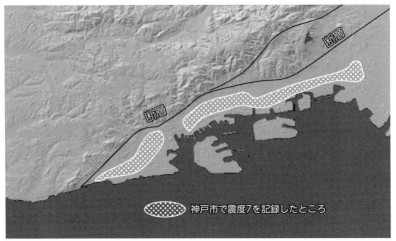

震災の帯(震度7の帯)は断層の真上ではない。
陸域観測技術衛星だいち(JAXA)のデータをもとに、カシミール3Dで作成。

ちは助かりましたが、機敏に動けずに逃げ遅れた人たちが倒壊した建物の下敷きになってしまったのです。たとえば、神戸市の犠牲者の59%は60歳以上の人たちであったということがこれを物語っています。

　壊滅的な被害が出た地域は、神戸市から淡路島北部にかけての「震災の帯」「震度7の帯」と呼ばれるような細い帯状の地域です。この幅は5kmくらいであり、この範囲を超えると急激に被害が減り、10kmを超えるとほとんど被害が出ていません。

　もう一つ、1981年の現行建築基準法施行後の建物かどうかで木造の被災状況が大きく違っています。現行建築基準法施行以前の建物、それも古いものほど被害が大きかったという特徴があります。「震災の帯」内の古い建物で寝ていた人たちが多く罹災してしまったのです。

　鉄筋のビルも同じ状況で、古いものほど大きな被害が出ています。以前から危険性が指摘されていたピロティ構造がつぶれたということの他、高層ビルの中層階がつぶれるということも目立ちました。

　道路・鉄道でも、1980年以前に作られたコンクリート橋脚で大きな被害が出ました。とくに1960年代、1970年代に作られたものの被

害が大きいという特徴もあります。逆に大正から昭和初期に作られた橋脚では、破損・損傷は受けても倒壊に至ったものはありませんでした。また、埋め立て地・港湾施設では液状化による被害も出ています。

　Mj7.3（Mw6.9）というこの地震の大きさは、2000年の鳥取県西部地震のMj7.3（Mw6.7）とほぼ同じです。犠牲者がゼロである鳥取県西部地震との大きな違いは、震源断層が人口密集地帯の上か、ずれていたかということになります。マグニチュードが同じでも、「都市直下型」では大きな被害が出てしまいます。また、この地震がM8クラスだったら、壊滅的な被害を受けた場所は線状（帯状）にならずに、面状（神戸市から淡路島北部全体の大被害）になったでしょう。M7クラスの地震なら被害は局所的ですが（運・不運がある）、M8クラスになると被害は全面的（平等）ということになってしまいます。

　この地震の震源断層は六甲・淡路島断層帯のもので、そのうちの神戸市から淡路島北部の断層（長さ50km、幅15〜20km）が動いたのです。とくに淡路島北部では震源断層（野島断層）が地表にまで達し、地表でのずれも見られました。東西圧縮力による右ずれのこの断層は北東から南西に走り、逆断層も伴っています。逆断層の動きは神戸では、断層の北西側（六甲山側）が隆起し（断層が北西側に傾斜）、淡路島では南東側が隆起しています（断層が南東側に傾斜）。淡路島に現れ

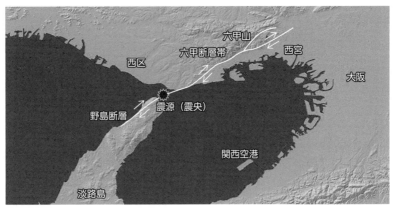

震源断層。
陸域観測技術衛星だいち（JAXA）のデータをもとに、カシミール3Dで作成。

た野島断層は横ずれ70cm〜210cm、上下には15cm〜120cmでした。

　神戸地区は堆積物に覆われていて、断層は地表には現れませんでした。ただ、推定される断層と震災の帯は微妙にずれていて、震災の帯は断層の南東側になっています。ずれの原因としては、未知の断層がその下にある可能性や、この部分の断層の動きが南東側（海側）が北東側（六甲側）に比べて大きく動いた可能性もあります。ただ、現在のところ、神戸市の下は沖積地（河川が運んできた土砂が堆積してできた土地）で軟弱なため、地震の揺れがそこで増幅されたのだろうという解釈が一般的です。

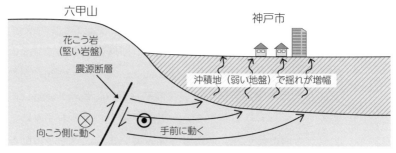

揺れが軟弱地盤で増幅される。

　なぜか、この地震の前は神戸あたりでは大きな地震は起きないという漠然とした雰囲気があったようです。ですが、過去を調べればこのあたりも何回も大きな地震が起きていることがわかるし、神戸市の背後にある六甲山そのものが何回もの断層運動の結果あのように隆起したのですから、地震の危険地帯と考えなくてはならない場所でした。

　なお、この地震の正確な正式名称は「兵庫県南部地震」で、この地震によってもたらされた災害を「阪神淡路大震災」といいます。当時の気象庁は震度計による計測震度と、気象庁職員による体感震度を併用し、さらに震度7については現地調査を経て決定することになっていました。その結果、地震直後に震度6と発表した地点は神戸と洲本の2地点のみでした。その後の現地調査により、広い地域で震

度7であったことが確認されましたが、発表されたのは2月7日になってからでした。気象庁はこのことも踏まえ、1996年4月に震度7まですべてを計測震度計で測定し（体感震度を禁止し）、1996年10月に震度5と震度6を強と弱に分ける改訂をおこない今日に至っています（震度については227ページも参照）。

2000年 有珠山噴火　予知に成功、犠牲者なし。

　3月31日、有珠山噴火が噴火しました。この噴火の前、3月27日から火山性の地震が起こり始め、真夜中（28日1時31分）から有感地震も混ざり始めました。30日～31日には有珠山山頂部、北西山麓で地割れが見られるようになりました。地震活動がピークを超した31日に西山西麓から噴火（マグマ水蒸気爆発：マグマと地下水が接して爆発、121ページ）が始まりました。噴煙は3000m以上の高さまで昇

市街地の間近で噴火した有珠山。
（内閣府防災情報のページより http://www.bousai.go.jp/kaigirep/houkokusho/hukkousesaku/saigaitaiou/output_html_1/case200001.html）

りました。有珠山にとっては23年ぶりの噴火となります。

4月1日3時12分、今回の噴火に伴う地震の中では一番大きなM4.8の地震が起き、壮瞥町で震度5を記録しました。そしてさらに、11時30分ころ金比羅山北西山麓でも噴火（マグマ水蒸気爆発）が始まりました。両地域で次々に新しい噴火口が開き、噴火口の数は4月中旬までには65ヵ所に達しました。また両地域では何回か熱泥流が発生しました。これらの熱泥流は橋を破壊したり、また洞爺湖温泉街に迫ったりもしました。

4月中旬には、火口は西山西麓の2ヵ所と金比羅山西麓の2ヵ所に収束していきました。西山は一時80m隆起しました（盛り上がってきた溶岩はまだ地表に顔を出さず、その上の表土を盛り上げた潜在ドーム）。

7月10日には火山噴火予知連絡会が「噴火活動は収束に向かっている」との宣言を出したので、13日には有珠山ロープウェイが運行を再開しました。8月にはこの潜在ドームも沈降に転じ、9月には一連の火山活動も収束しました。噴火予知連は11月1日に事実上の終息宣言を出し、翌2001年5月28日に正式な終息宣言を出しました。この間、避難指示が出された人々は約1万6000人、これらの人たちが最長5ヵ月間、最短5日間の避難生活を強いられました。

この噴火による被害は、噴火が人家（温泉街）にきわめて近い場所のものだったために、建物の全壊234戸をはじめ、道路、上下水道などかなりのものになりました。ただ、人命は1人も失われていません。噴火の直前予知ができて、また避難が迅速に整然とおこなわれたことで（全員避難）、犠牲者を出さずにすんだのでしょう。

この間、気象庁（噴火予知連絡会（当時井田嘉明会長））や自治体、また北海道大学有珠火山観測所（所長岡田弘教授（1943年～））は、連携をとりながら住民たちの命を守ったのです。まず火山性の有感地震が増え始めた3月28日0時50分に、気象庁室蘭気象台が臨時火山情報「有珠山周辺で火山性地震が発生した」を出しました。そして、11時に岡田教授が記者会見で「噴火の前兆」と述べました。11時50分には噴火予知連井田会長も「噴火の可能性あり」と発表しました。

これを受け、伊達市、虻田町、壮瞥町が一部地域に自主避難を呼び掛け、約400人が避難したのです。

　3月29日11時10分、室蘭気象台は人の命に関わる可能性があるときに出される緊急火山情報第1号「噴火の可能性あり」を出しました。18時15分、岡田教授らは「噴火は一両日中に起こる可能性が高い、一週間以内には間違いなく噴火する。場所は有珠山北西部の可能性が高い」と発表しました。これを受け、伊達市、虻田町、壮瞥町の住民に「避難勧告」を出し、さらに18時30分、勧告よりも強い「避難指示」に変更しました。これによって約9500人が避難しました。

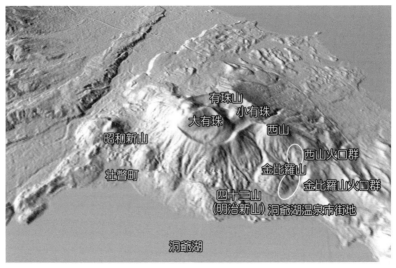

有珠山を北側（洞爺湖側）から見る。
陸域観測技術衛星だいち（JAXA）のデータをもとに、カシミール3Dで作成。

　3月30日3時には緊急火山情報第2号「厳重警戒」を出しました。これを受け虻田町月浦、入江、高砂地区に「避難指示」（対象者約1300人）を出しました。

　3月31日13時07分西山西麓で噴火しました。政府は官邸に「有珠山噴火非常災害対策本部」を設置し、現地には「非常災害現地対策本部」（伊達市役所内）を設置しました。そして、虻田町の清水・花和

地区を除く全域に避難指示が出ました。これによって避難住民は1万5815人に達しました。

　こうした一連の判断・指示がうまくいったのは、まず有珠山は有史以来何回も噴火していて、噴火の「癖」がわかっていたことがあるでしょう。岡田教授は「有珠山は嘘をつかない」と表現しています。さらに事前に（1995年に）ハザードマップ（火山防災地図、噴火したときどの地域が危険かを示した地図）が配られ、その説明がなされていたこともあります。これによって住民の防災意識を涵養していたのです。そして、実際に異変が始まってからは、情報を隠さず丁寧に公表し続けたこともあるでしょう。

　もう少し詳しく書くと、火山情報については札幌管区気象台が窓口となり、災害対策（避難など）については北海道庁（防災消防課）が窓口となり、また科学者の立場として地元の信頼が厚い岡田教授が対マスコミなどの前面に立つという連携がありました。こうしたことが、住民の不安を取り除き、また避難の必要性をわかってもらえて、避難もスムーズにいった重要な要因だったと思います。噴火そのものの規模はそれほど大きなものではありませんでしたが、市街地のごく近くで起きた噴火だったのに犠牲者をまったく出さなかったのは評価されるべきと思います。

　有珠山の噴火の歴史を見ると、1663年に数千年という長い眠りからさめて噴火を再開して以来、以後20年～70年の間隔で噴火を繰り返していて、この噴火は9回目のものになります。なかでも、1822年の噴火では、頂上から流れ下った火砕流によって集落が全滅、多数（50人以上）の犠牲者を出したこともありました。また、1943年～1945年の噴火では、昭和新山ができました（170ページ）。

　有珠山の噴火は頂上の火口からばかりではなく、山腹（山麓）からも噴火し、噴火によって噴火する場所を変えることが多いという特徴があります。今回の噴火でも、火口は1ヵ所ではなく北西の山麓に多数の火口が開き、そこから噴火しました。つまり、有珠山は人家の

近くに火口が開くこともある危険な火山といえるのです。

　有珠山の噴火のもととなるマグマは、二酸化ケイ素の含有量が多いデイサイト質から流紋岩質のものです。粘りけの強いこのマグマは大きな爆発をして大量の軽石を放出し、場合によっては火砕流も発生するプリニー式の噴火になることが多い危険な火山です。2000年のこの噴火でも、ごくわずかですが軽石も噴出しています。

　また、このマグマは粘りけが強いためあまり流れないで、溶岩ドームを作ります。その一つが、溶岩が流れないままむくむくと盛り上がった昭和新山です。また1910年（明治43年）には四十三山（明治新山）のような、溶岩が地表には現れずにその上の表土だけが盛り上がった山（潜在ドーム）を作ることもありました。溶岩ドームは崩落し

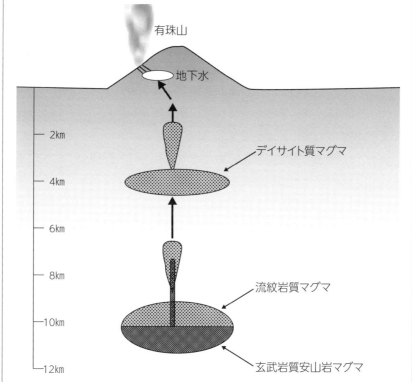

有珠山のマグマだまり。（産総研地質調査総合センター東宮昭彦氏の図（地震学会広報誌「なゐふる」第20号（2000年7月））をもとに作成）

て火砕流を発生することも多いので、危険な火山なのです。

　今回の噴火は、マグマそのものの流出はなく、マグマと地下水が接触して爆発したマグマ水蒸気爆発と、マグマの熱で地下水が急激に気化して起こる水蒸気爆発でした。マグマそのものの噴出はきわめて微量で、噴火の規模としては、過去の噴火と比べても小規模なものでした。

　その噴火のもととなるマグマだまりは、上下二つに分かれているらしいとわかってきました。一つは、深さ10kmのやや深いところあるマグマだまりです。このマグマだまりの下の方には玄武岩質安山岩マグマ（玄武岩に近い組成を持つ安山岩マグマ）と、上の方にはより粘りけが強いが密度の小さい流紋岩質マグマが層をなしています。

　もう一つは、深さ4km位のところにあるマグマだまりです。ここではデイサイト質（非常に流れにくい流紋岩と、流れにくい安山岩の中間くらいの性質）のマグマが存在しています。

　深いマグマだまりから密度の小さい流紋岩質マグマが浮力で上昇し、それが上のマグマだまりに到達することによって上のマグマだまりが刺激され、そこからマグマが地表に向かうらしいという噴火のメカニズムの火山のようです。

　今回の噴火では、そのマグマは地表には到達せずに、地下水と接してマグマ水蒸気爆発を起こしたり、地下水を熱して水蒸気爆発を起こしたりしたのでした。

　有珠山の噴火は、まず数日前から火山性の地震が多発するようになってくることから活動が始まります。有珠山は粘りけの強いマグマなので、マグマはスムーズに上昇できず、周辺の地殻にひずみを与えることによって多数の地震が起こると考えられています。またこうしたことにより、山体の膨張、さらには地割れ、断層も生じます。そして、火山性の地震が収まりかけたころに噴火する（図）というパターンを繰り返しているのです。噴火の最後には溶岩ドームが形成されます。有珠山にはこうした明瞭な「癖」があることがわかってきたので、今回のように、かなり正確な事前予知が可能だったのです。ただ、次回

の噴火もそういう経過をたどるのかどうかについては、100％そうだとはいいきれません。いきなり噴火が始まる可能性もあります。

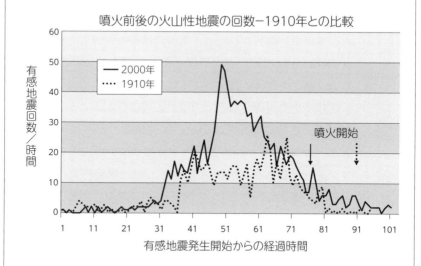

有珠山噴火前の火山性地震。地震がおさまりかけたところで噴火が起きている。
（地震学会広報誌「なゐふる」第20号（2000年7月）の図をもとに作成）

* 気象庁の噴火警報・予報

　現在の気象庁は、従来の火山情報（緊急火山情報、臨時火山情報、火山観測情報）を2007年に廃止しました。そのかわりに、全国の110の活火山を対象に噴火警報・予報を出すことになりました。噴火警報は生命に危険を及ぼす火山現象が予想される場合に、その場所を明示して出されるものです。その場所が火口周辺にとどまらず、居住地域も範囲内になると特別警報となります。

　さらに、常時観測されている50の活火山のうち34の火山については噴火警戒レベルが発表されます。レベル1は活火山であることに留意というものだけで、具体的な規制はありません。レベル2と3は警報です。レベル2は火口周辺の立ち入りの規制、レベル3は入山規制になります。さらに、レベル4とレベル5は特別警報です。レベル4は避難準備、レベル5は避難となります（272ページ）。

　2014年の御嶽山の噴火は噴火警戒レベル1のときに起きました（268ページ）。また、2015年の箱根（大湧谷）では、一時噴火警戒レベルが3にまで引き上げられました。

2000年 三宅島の噴火　一度は警戒を解いたはずが思わぬ展開に。

　6月26日18時30分ころから、三宅島南西部を震源とする小さな火山性地震が観測され始め、次第に活発となっていきました。気象庁は19時33分に緊急火山情報を出し、噴火の恐れがあるので警戒するよう呼びかけました。

　当初は島の南部〜西部での噴火の可能性が高いと思われていましたが、火山性地震の震源は26日21時半ころから島の西部に移動し、翌27日にはさらに西方の沖合へ移動していきました。そして、ヘリコプターによる観測で西方沖1km付近で海底噴火によると見られる変色水が確認されました。この一連の現象は、当初三宅島の南西部に貫入したマグマが西方海域へ移動したことによるものだと判断されました。

　その後もマグマの移動は続き、火山性の地震の震源はさらに西方沖へ移動しました。そして、新島、神津島近海で活発な群発地震を起こ

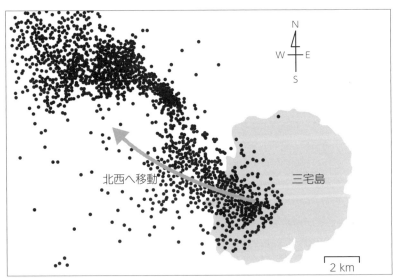

噴火前の震源移動。
（防災科学技術研究所の図をもとに作成）

しました。火山性地震としてはかなり規模の大きな、最大M6クラスが5回も起きたのです。

　三宅島の方は、海底噴火後の地震活動は低調になり、マグマの動きを示す地殻変動のデータも落ち着いてきました。そこで、6月29日に火山噴火予知連絡会伊豆部会は「噴火の可能性はほとんどなくなった」とコメントしました。これを受け三宅島は26日から発令していた避難勧告を全面解除し、気象庁や三宅村等の災害対策本部も廃止されました。火山活動は終息に向かっていると判断したのです。

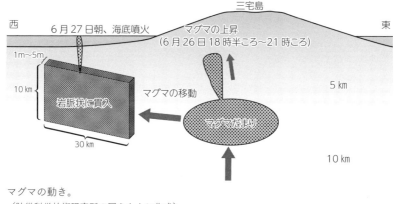

マグマの動き。
（防災科学技術研究所の図をもとに作成）

　ところが、7月4日ころから再び三宅島の雄山山頂直下を震源とする地震が観測され始め、次第に活発化していきました。そしてついに、7月8日18時41分ころ、山頂で小規模な噴火が発生しました。

　翌朝のヘリコプターによる観察で、この噴火により雄山山頂付近に直径700〜800mの円形の陥没地形（カルデラ）が形成されたことがわかりました。このカルデラはその後次第に拡大し、8月中旬までに直径1.5km、深さ450mにまでなりました。火口の陥没後の三宅島（雄山）では、マグマ水蒸気爆発、水蒸気爆発が繰り返して起こるようになりました。

　そして、8月10日には噴煙の高さが8000mに達する大きな噴火が

噴煙を上げる三宅島（2000年8月18日）。
（気象庁ホームページより）

発生し、その後も断続的に噴火が続きました。

　噴火のクライマックスは8月18日で、噴煙の高さが1万4000mにも達しました。7月14日、8月18日の噴火では、地下のマグマから直接出てきた噴出物も確認されています。つまり、マグマが噴火に直接関与するマグマ水蒸気爆発であったことが確認されました。

　8月29日の噴火の際には低温（30℃くらい）で低速の火砕流が発生し、山頂から北東側に5km、南西側に3km流れ、北東側は海にまで達しました。また、雨による泥流も頻発しました。幸いなことに、これらによる犠牲者は出ていません。

　これらの事態を受け、8月31日、火山噴火予知連絡会は「今後、高温の火砕流の可能性もある」とする見解を発表しました。これを受け、9月1日全島避難が決定し、約4000人の全島民は島外へ避難しました。

　噴火は9月まで続きました。噴火の沈静後は、山頂火口から大量の火山ガス(*)を放出するようになりました。火山ガス中の二酸化硫

黄$^{(*)}$の放出量は8月下旬で1日あたり2000トン前後だったのが、9月から10月には2〜5万トン/日という世界にも例を見ない量となっていきました。風向きによって、東京（本土）や長野でも異臭騒ぎが起こるほどでした。日本での人為的な二酸化硫黄排出量は1日あたり約3000トンですから、三宅島の放出量はその10倍にもなる莫大なものであることがわかります。

その後火山活動は低下し、火山ガス放出量は翌2001年5月に1日あたり2万〜3万トン、10月には1万〜2万トン、2002年5月に1日あたり5000トン〜2万トン、9月には1日あたり4000トン〜1万数千トンと、最大時と比べて1/6程度に減少していきました。2003年には1日あたり3000〜1万トン、2004年、2005年になると1日あたり2000〜2005トン、2006年には2000〜5000トンと横ばい状態をしばらく続けました。

火山ガスの放出はだんだん少なくなったために、2005（平成17）年2月1日、ようやく避難指示が解除されました。島民の避難生活は4年5ヵ月に及んだのです。2005年以降も小噴火は何回か起きていま

山頂に形成された陥没カルデラ。
（気象庁ホームページより）

したが、2014年3月に噴火警戒レベル2（火口周辺規制）、2015年6月1日噴火警戒レベルも1（活火山であることに留意）に下げられました。2015年末には1日あたりの火山ガス放出量は数百トンにまで下がっています。

　三宅島の火山ガスの継続的な放出のメカニズムは、以下のように考えられています。火道内でマグマが対流していて、上昇してくるマグマにかかる圧力が表面近くでは下がるために、マグマに溶け込んでいた火山ガスが放出される。火山ガスを放出したマグマは密度が高くな

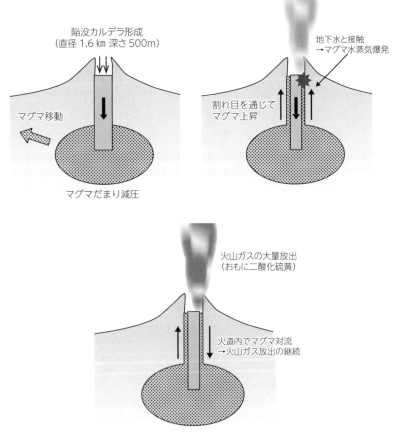

噴火の推移。
（産総研地質調査総合センター篠原宏志氏の図をもとに作成）

るので火道内を沈降し、それが新たなマグマの上昇を引き起こす、ということを繰り返して連続的にマグマだまりからマグマが上昇するために、火山ガスの放出も連続的なものになるというものです。

* 火山ガス

　火山ガス中にもっとも多く含まれるのは水蒸気で、90％以上を占めています。その他、火山ガスは二酸化炭素、さらに人体に有害な二酸化硫黄、硫化水素などを含んでいます。

* 二酸化硫黄

　二酸化硫黄は刺激臭のある、空気よりも重たい気体で呼吸器を刺激します。人は、0.5ppm 以上で臭い（マッチを擦ったときの臭い）を感じ、30 〜 40ppm で呼吸困難、400ppm 以上では数分で生命が危険となります。また、500ppm 以上になると嗅覚が冒されて臭気を感じなくなるといいます。なお、ppm とは百万分の一を表すので、1ppm は 0.0001％ということになります。

　三宅島は、伊豆大島と同じく玄武岩質のマグマによる火山活動をおこなってきた島です。活動は活発で、記録が残る 1085 年以来でも 15 回の比較的大きな噴火があります。

　なかでも、1940 年 7 月 12 日の噴火では、人家に近い山腹から割れ目噴火が起き 11 人の犠牲者が出ています。この噴火では溶岩の流出もありました。玄武岩質溶岩は粘りけが小さく流れやすいことが特徴です。ただし、日本の玄武岩質溶岩は、よく TV などで見るハワイの玄武岩質溶岩ほど流動性に富むものではありません。このときも、最速（谷筋を流れ下ったとき）で人が走る程度だったといいます。

　1962 年 8 月 24 日の噴火のときは、東の山腹にできた割れ目から溶岩を流出して、海にまで流れ出ました。このときのスコリア丘が三七山（昭和 37 年なので）です。この噴火のときは、小学校・中学校の児童生徒たちは 2 週間、千葉の館山に避難しました。1962 年の噴火のあと、1983 年、2000 年と噴火しました。

　1983 年の噴火では、島の南西にできた割れ目から流れ出た溶岩が阿古の集落を埋めてしまいました。また、新澪池や新鼻ではマグマ

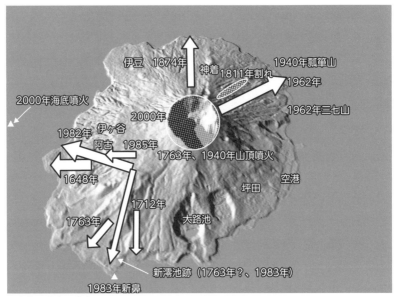

三宅島の過去の噴火。
陸域観測技術衛星だいち（JAXA）のデータをもとに、カシミール3Dで作成した図に加筆。

水蒸気爆発を起こして、新澪池（もともと火口湖）は消滅してしまいました。

　三宅島は1469年の噴火以降、最長69年、最短17年の間隔で噴火しています。そして最近の4回の噴火は20年前後の間隔になっています。すると最新の噴火が2000年ですから、もうすでに次の噴火が近いという時期に入っているのかもしれません。三宅島は、比較的穏やかな噴火をする玄武岩質マグマの火山ですが、地下水があるところや、浅い海底では激しいマグマ水蒸気爆発を起こすので、その点を警戒する必要があります。

　三宅島の噴火の特徴として、強い火山性の地震を伴うことが多いということが挙げられます。そして、火山性の地震が起きると、それほど時間をおかずにその震源の真上あたりで噴火するというのがこれまでの噴火のパターンでした。2000年の噴火も、まず火山性地震が多発するというところまではいままで通りでした。ところがその震源が

移動し、すなわちマグマが移動し、三宅島から外れたところで海底噴火を起こしたのです。この海底噴火により地下のマグマの圧力が下がっただろう、火山性地震が三宅島からずれて少なくなった、だから当面の三宅島での噴火の可能性はなくなったとの判断が、6月19日に噴火予知連が出した安全宣言、「噴火の可能性はなくなった」の根拠なのです。

　しかし、この大量のマグマの移動が三宅島真下のマグマだまりの圧力を下げることになり、その結果頂上部が陥没してマグマだまりと地表の通路ができてしまったために、三宅島頂上からの噴火とそれに続く持続的な火山ガスの大量放出という、想定外の経緯をたどることになりました。ここが想定通りに噴火が推移した有珠山と違うところです。

　いわば今回は、三宅島マグマにフェイントを仕掛けられ、専門家たちもまんまとそれに引っかかってしまったといえるでしょう。これが火山噴火の難しいところです。判断は間違えましたが、結果的には人的被害が出なかったので、不幸中の幸いでした。そしてこれはまた、いままでは「嘘」をつかなかった有珠山でも、想定外の推移となる可能性もあるということを示したものなのです。

2000年　10月6日　鳥取県西部で地震（鳥取県西部地震）　M7.3（Mw6.7）　未知の活断層が動いた。

第5章

2001年から2016年半ば
(21世紀)

2003年	5月26日　宮城県沖で地震　M7.1（Mw7.0）　スラブ内地震。
	9月26日　釧路沖で地震（十勝沖地震）　M8.0（Mw8.3）　プレート境界型の地震。
2004年	新潟県中越地方で地震（新潟県中越地震）　M6.6
2005年	宮城県沖で地震　M7.2（Mw7.2）　プレート境界型の地震。
2007年	新潟県上中越沖で地震（新潟県中越沖地震）　M6.8（Mw6.6）　初の原発被災（変圧器の火災）。
2011年	1月26日　霧島の新燃岳噴火

2011年　東北地方太平洋沖地震（東日本大震災）Mj9.0 Mw9.1　誰も予想できなかった超巨大地震。

　3月11日14時46分、東北地方で発生したMj9.0、Mw9.1の地震（東北地方太平洋沖地震）です。東日本大震災を引き起こしました。地震としては、モーメントマグニチュード（Mw）9.1（『理科年表』）という超巨大地震でした。超巨大地震とはマグニチュードが9以上の地震をいいます。気象庁が正式に決めたわけではありませんが、M7以上が大地震、8以上が巨大地震、9以上が超巨大地震となります。地震のエネルギーで見ると、1923年の関東地震M7.9の60倍以上、1995年の兵庫県南部地震Mw6.9の約2000倍のというものでした。

　この地震による揺れは、宮城県栗原市築館で震度7を計測したのを始め、幅広い地域で震度5弱以上を記録し、宮崎県を除くすべての都道府県で有感（震度1以上）でした。

　この地震による犠牲者1万9225人と行方不明者2614人の合計2万1839人という犠牲者数（『理科年表』）は、自然災害としてはこの地震までは戦後最大の犠牲者であった1995年の兵庫県南部地震（阪神淡路大震災、228ページ）の6437人を大幅に上回り、1896年の三陸沖地震津波の2万1959人とほぼ同じです。日本の歴史上、この犠牲

2011年　東北地方太平洋沖地震（東日本大震災）Mj9.0　Mw9.1

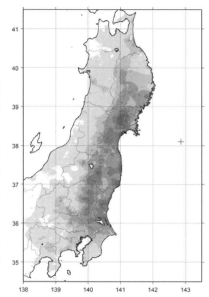

東北地方太平洋沖地震の震度分布。色の濃い部分の震度が大きい。
（気象庁ホームページより）

者数を上回るのは、1498年の明応地震（48ページ）と1923年の関東地震（関東大震災、146ページ）での約10万5000人しかありません。

　死因を見ると、90％以上が津波によるものです。これは、関東地震は焼死が約88％、兵庫県南部地震は建物の倒壊による圧死が80％以上との著しい違いです。

　この地震は典型的なプレート境界型（海溝型）の地震で、震源断層は低角の逆断層でした。ただ、その規模があまりに大きかったのです。

　このMw9.1は1960年のチリ地震Mw9.5と1964年のアラスカ地震のMw9.2に次ぐものです。つまり人類が地震計を用いて地震を観測するようになって、3番目の大きさの地震だったということになります。もっとも、マグニチュードの値はそれほど厳密なものではないので、0.1の違いにはあまり意味はありません。ともかく地球上で起こりうる最大クラスの地震が、東北地方を襲ったということになるのです。

　震源断層は北北東から南南西に走り、断層面は西に低い角度で傾斜

世界の超巨大地震

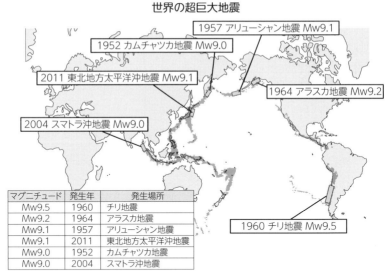

マグニチュード	発生年	発生場所
Mw9.5	1960	チリ地震
Mw9.2	1964	アラスカ地震
Mw9.1	1957	アリューシャン地震
Mw9.1	2011	東北地方太平洋沖地震
Mw9.0	1952	カムチャツカ地震
Mw9.0	2004	スマトラ沖地震

東北地方太平洋沖地震は歴代第3位の巨大地震だったことになる。
ただ、マグニチュードそのものが厳密な値というわけではない。ともかく超巨大地震であったということである。
(東京大学地震研究所の図をもとに作成)

しています。その長さ500km、幅200kmの巨大な広がりが、地震のときに一気に最大50mもずれ動いたのです。断層がこのように大きく動いたために、東北地方の地盤は大きく東に移動しました。また、陸地では沈降していますが、陸地から海溝に近づくにつれ地盤は隆起しています（模式図と観測データ参照）。

　この地震による揺れの特徴は、大きな揺れが長く続いたということです。その理由の一つは、超巨大な地震であったため、断層面のずれ（破壊）が始まってから完了するまでに時間がかかったということがあります。さらに、細かく揺れの記録を見ると、一度収まりかけた揺れが、途中からまた激しくなったこともわかります。これは、震源断層の破壊が何段階に分かれて起こったことを示しているのです。このような地震を複合地震（マルチプルショック）といいます。いわば複数の地震が立て続けに起こったような地震でした。東北地方太平洋沖地震では最低3回に分かれて断層の破壊が進行したことがわかって

2011年　東北地方太平洋沖地震（東日本大震災）Mj9.0　Mw9.1

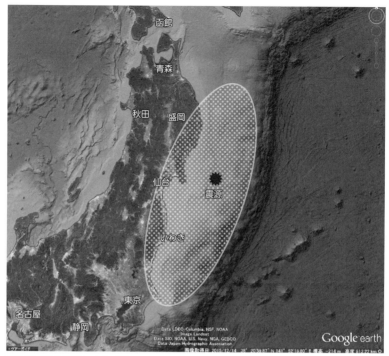

震源域（震源断層）の広がり。
（気象庁ホームページの図をもとに作成）

©Google

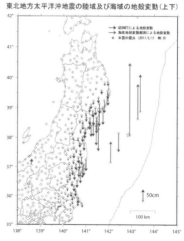

（国土地理院ホームページより）

第 5 章　2001年から2016年半ば（21世紀）

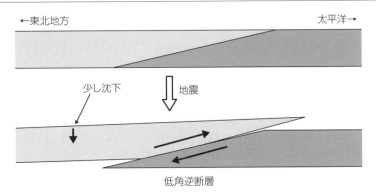

断層の模式図。

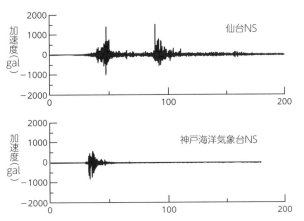

揺れの比較。（上：東北地方太平洋沖地震、下：兵庫県南部地震）
（東京大学地震研究所の観測データ）

います。多くの人の体感でも2回の大きなショックが感じられたようです。地震計の記録でもそれがはっきりと現れています。じつは兵庫県南部地震でも、詳細に見ると3回にわたって震源断層の破壊が進行したことがわかっていますが、上の地震計の記録からは読み取ることができません。

　この東北地方太平洋沖地震の大きな特徴は、一つは地震そのものの巨大さであり、もう一つはそれにともなう大津波でしょう。上に書いたように、犠牲者の90％以上が津波によるものでした。津波は場所

によっては波高が 10m を超え、また海抜 40m を超えるような高さまで津波が押し寄せた（遡上した）ところもあります。

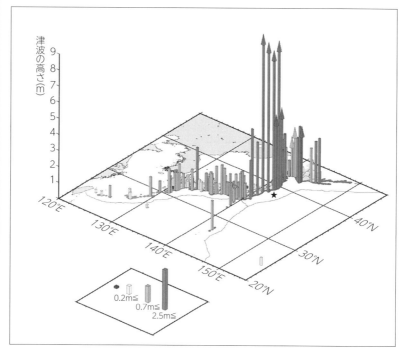

観測された津波の高さ。
（気象庁ホームページの図をもとに作成）

　プレート境界型（海溝型）の地震、つまり潜り込む海のプレートに引きずり込まれていた陸のプレートが反発して跳ね上がる、そのとき海水も跳ね上げられて津波となるというタイプなので、まず押し波からやってくるはずです（13 ページ）。引用した GPS 波浪計の記録でもだいたいそうなっています（次ページの図）。

　ただ細かく見ると、宮古沖や釜石沖では小さい引き波から始まったこともわかります。これは地震の地殻変動は陸側で沈降していることに対応しているのです。つまり沈降した地域に海水が引かれたため、最初は小さな引き波になったのです。だがしかし、その直後から大きな押し波になっています。「稲むらの火」（111 ページ）で書いたよう

に、津波は引き波から始まるとは限りません。むしろ日本海溝、相模トラフ、南海トラフ付近で発生する巨大地震による津波は、押し波から始まると思っていた方がいいでしょう。だからまず、大きな揺れ、変な揺れ（ゆっくりとした揺れ、長い揺れ）が来たときは、高台を目指して避難することが肝要です。

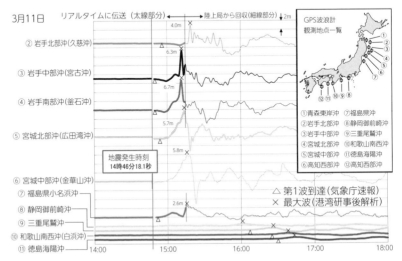

（平成23年9月28日　中央防災会議　東北地方太平洋沖地震を教訓とした地震・津波対策に関する専門調査会報告の図をもとに作成）

　三陸地方は、日本海溝でM7クラス以上の地震がしばしば起こることに加え、リアス式海岸という地形のために、これまでも何回も津波被害を受けてきました。たとえば岩手県宮古市田老地区では1896年、1933年と30mクラスの津波に襲われ、多大な被害を受けました。田老ではこうした被害を防ごうと、高さ10mの防潮堤を2重に作りました（全部が完成したのは1966年）。確かにこの防潮堤により、1960年のチリ地震津波は防ぐことができました。

　しかし、今回の地震による大津波はこの防潮堤をかんたんに乗り越え、さらにはそれを破壊して田老を襲い、多大な被害を出したのです。高さ10mという防潮堤に安心し、またこの巨大な壁が海を見えなくしてしまい、避難が遅れたということもあると思います。過去の

2011年　東北地方太平洋沖地震（東日本大震災）Mj9.0　Mw9.1

津波で破壊された田老の防潮堤。
（撮影：青柳健二）　　　　　　　　　　　　©Aoyagi Kenji

30mの津波の記憶が薄れてしまっていたのかもしれません。

　被害、とくに犠牲者は、宮城、岩手、福島三県が圧倒的に多いのですが、北海道から東京・神奈川でも出ています。東京での犠牲者は、建物の天井が崩落したり、駐車場への取り付け路が崩壊したりして、その下敷きになったためです。

　また、東京湾に面した埋め立て地などでは、広い範囲にわたって顕著な液状化現象（1964新潟地震、190ページ）も起きました。さらに、長周期振動（194ページ）は東京・神奈川などの京浜地帯ばかりか、大阪でも高層ビルをかなり揺らしました。大阪では地震とはわからず、めまいと感じた人が多かったようです。それだけゆったりとした揺れだったことになります。

　日本海溝や南海トラフのようなプレートの境界では、海のプレートが潜り込むときに陸のプレートを引きずり込むことになります。最近では、陸のプレートは全体がいっせいに引きずり込まれているのではなく、一部のアスペリティ（固着域）と呼ばれる部分で2つのプレー

トが固着し、残りの部分は地震を起こさずにずるずると滑っているという、アスペリティ・モデルが支持を集めていました。

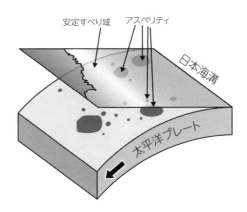

アスペリティ・モデル。
（東北大学内陸地震研究グループの図をもとに作成）

　東北地方はプレートの潜り込みが1年で8cmという速い場所で、またアスペリティが比較的小さいためにしばしば地震が起こりますが、アスペリティが小さいためにM9などという超巨大地震は起きないだろうと思われていたのです。だが、実際は起きてしまいました。つまり、これまで考えられてきたアスペリティ・モデルは完全ではなかったことになるのです。アスペリティというイメージだけが先行し、具体的にどこにどの程度のアスペリティが存在し、それがどのようになったらガタッと滑って地震を起こすのかという緻密な検討がおこなわれていなかったことになります。

　この地震後に注目されたのが貞観の三陸沖地震（869年、M8.3（Mw8.4）、38ページ）です。2011年の地震の直前には、貞観の地震による津波が、それまでに想定されていた津波による浸水範囲を超えたところまで浸水したという報告がなされ始めていました。こうした報告を生かせないうちに、地震が来てしまったことになります。その後の津波堆積物の調査から、このような大きな津波をともなう巨大地

震は弥生時代から今回まで計5回起きていて、その発生間隔は600年程度という、政府の地震調査研究推進本部の見直しとなりました。

ただ、この貞観の地震は場所によってはたしか今回の津波よりも内陸奥深くまで侵入はしていますが、全体としての規模は今回よりも小さいものだったようです。マグニチュードからするとエネルギーは1/10程度と考えられています。今回の地震の巨大さがわかります。

今回の地震の震源域は、貞観の地震と1896年の三陸沖地震を合わせたものに、さらに南に延長した程度の広がりだった可能性が高いよう

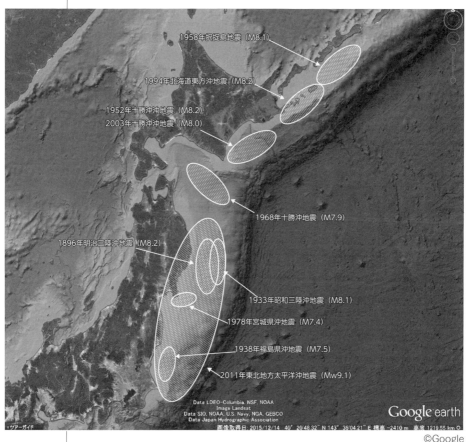

©Google
東北地方太平洋側で起きた大地震の震源域。東北地方太平洋沖地震の巨大さがわかる。

です。

　これまでは、東北から北海道にかけての日本海溝側で起こるM7～M8クラスのきちんと並んだ震源域は、個々の領域ごとに地震を起こすと考えられていました。ところがこの地震によって、ここでも南海トラフの地震（176ページ）と同様に、隣接する震源域が連動することもあることが明らかになったのです。

　この超巨大地震は、震源域でたくさんの余震が起きたばかりではなく、周辺部でもこの地震によって誘発されたであろう地震がたくさん起きています。とりわけ注目されるのは、太平洋プレートとユーラシアプレートの間にくさび形に食い込んだ北米プレートの西縁沿いで、いくつかの地震が起きていることです。この地震によって、くさび形の部分のひずみが大きくなって、これらの地震を起こした可能性が高いといえます。

　現在のところ、この地震によって誘発されただろうという火山噴火は起きていません。2011年の霧島の新燃岳の活動は1月19日に始まり、大きな噴火は1月末と2月初め、2月中旬には沈静化に向かっています。つまり、3月11日以前に起きた噴火です。また3月15日に、静岡県東部で起きたM6.4の地震は富士山に近いので、富士山の噴火も心配されたのですが、これも今の段階では起きていません。

　この未体験の巨大地震に際しては、気象庁の後手後手の対応が目立ちました。まず地震の規模（マグニチュード）について、第一報は地震の3分後の14時49分にM7.9、16時00分にM8.4、17時30分にM8.8と上方修正されていき、結局3月13日12時55分にようやくM9.0になって落ち着きました。こうしたマグニチュードの見積もりの低さが、津波予測の過小評価となり、それが警報の甘さになりました。地震発生後3分で出された警報（大津波）は岩手3m、宮城6m、福島3mであり、28分後にようやく大津波警報は青森、茨城、千葉に拡大し、予想される津波の高さは岩手6m、宮城10m、福島6mとなりました。またさらに、津波観測の第一報が「第1波0.2m」であったことも、避難の遅れや中断につながったとも指摘されています。

2011年　東北地方太平洋沖地震（東日本大震災）Mj9.0　Mw9.1

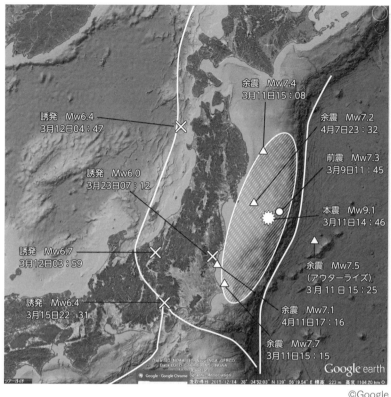

©Google

東北地方太平洋沖地震の本震（震央と震源域）・前震・余震と誘発された地震の震央。
（東京大学地震研究所アウトリーチ室の図をもとに作成）

　じつは、アメリカ地質調査所（USGS）は 11 日 15 時 3 分で M7.9、遅くても 15 時 26 分には M8.8 としていました。こうした海外の情報も参照していれば、もう少し速い判断も可能だったのではないかと思われます。

　この津波が八戸港を襲ったとき、海洋研究開発機構（JAMSTEC）が世界に誇る大型の地球深部掘削船「ちきゅう」が停泊中でした。地震直後に出た津波予報が 1m だったため、船長（恩田裕治氏）は係留したままでも大丈夫と判断しました。ところが、30 分後に津波予報が 8m になりました。係留したままでは岸壁に打ち付けられて船が損

傷してしまいます。さらにたまたま地元の小学生たち 48 人（と引率 4 人の教員）が、見学のために乗船していました。人名と船を守るため、船長は緊急の離岸を決断をしました。もやい（係留ロープ）をほどく時間がないのでまずそれを切断、しかしもう港外に出る時間はありませんでした。そこで港の中央で碇を降ろし、襲ってきた津波に対して必死の操舵をおこなって、かろうじて被害を小さな損傷だけに抑えました。この間、小学生たちは窓のない船の中央の部屋に避難していました。彼らは誰からの指示もないのに円陣を組み、手をつないでしゃがみ込んだそうです。子供たちのこうした対応に、彼らを誘導した JAMSTEC の職員がとても感心していました。

東北地方に出された緊急地震速報[*]は、震度 7 を記録した宮城県栗原市で地震波到達 18 秒前、震度 6 強の仙台市で 16 秒前、同じく震度 6 強の福島県白河市で 35 秒前、震度 6 弱の岩手県大船渡市で 12 秒前でした。緊急地震速報の意味がわかっていて、そのときの対応に慣れていれば、かろうじてまず身の安全を図るということができた時間だったかもしれません。

* 緊急地震速報
　P 波の方が S 波よりも速いということを利用して、TV や携帯電話などで速報を流すシステムです。P 波が到達したら即座に大きな揺れを起こす S 波の揺れを判断し、その揺れが大きそうだったら S 波が来る前に警報を出すようになっています。気象庁は 2007 年からこの緊急地震速報を始めました。警報を出すのは震度 5 弱以上の揺れが予想された場合です。ですから、初期段階では M 7.9 という小さめの判断だったこの東北地方太平洋沖地震のときに、緊急地震速報が出されたのは東北地方の一部だけで、関東などには速報は出ませんでした。

* 東北地方太平洋沖地震と福島第一原子力発電所
　この地震による「想定外」の津波で、6 基の原子炉があった福島第一原発は、運転中の 3 基と停止中の 1 基が破損して放射能漏れを起こすという、原発事故としては最悪のレベル 7 の重大事故を起こしました。放射能によって汚染された地区の中には、まだ帰宅できないほどに放射能が強い場所もあります。また、廃炉が決まった原子炉

2011年　東北地方太平洋沖地震（東日本大震災）Mj9.0　Mw9.1

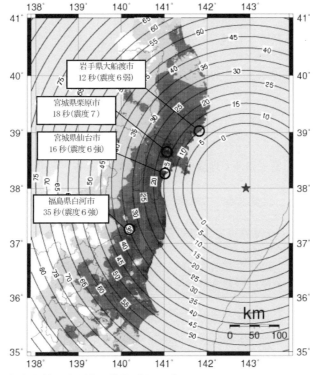

緊急地震速報の何秒後に地震の揺れが来たか。
同心円は、緊急地震速報が出てから何秒後にS波（主要動の大きな揺れ）が届いたかの時間。たとえば仙台市では、速報が出てから16秒後に主要動（震度6強）の揺れが始まったことがわかる。
（気象庁ホームページの図をもとに作成）

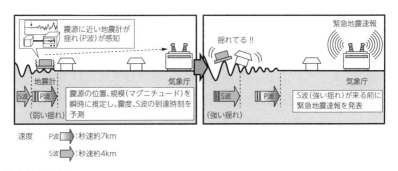

緊急地震速報。
（気象庁ホームページの図をもとに作成）

も、メルトダウンした核燃料については今のところまったく手がつけられない状態で、廃炉までにはまだあと数十年、あるいはそれ以上の時間がかかると考えられています。原発事故の問題については、別著『地球についてまだわかっていないこと』（ベレ出版）を参照してください。

2011年

3月12日　長野・新潟県県境で地震　M6.7（Mw6.3）　余震・誘発された地震。

4月7日　宮城県沖で地震　M7.2（Mw7.1）　余震・誘発された地震。

4月11日　福島浜通りで地震　M7.0（Mw6.6）　余震・誘発された地震。

2012年

3月14日　千葉県東方沖で地震　M6.1（Mw6.0）　余震・誘発された地震。

12月7日　三陸沖で地震　M7.3（Mw7.3）　正断層型　アウターライズ地震？　余震・誘発された地震。

2013年

西之島新島噴火　新しい大陸が生まれる？

　11月20日10時20分、西之島で1973年以来、40年ぶりの噴火（噴煙）が確認されました。16時ころに再度調べると、旧西之島の南東500m付近の海上に長径約300m、短径約200mの新島が出現し、噴火していることがわかりました。噴火口が浅い海底だったころは、激しいマグマ水蒸気爆発を繰り返していましたが、火口が水面から顔を出すと比較的おとなしいストロンボリ式噴火となりました。

　大量の溶岩を流す噴火はその後も続き島は拡大の一途をたどりました。そしてついに12月26日には旧島とつながって一つの島になりました。噴火はさらに続き、流れ出た溶岩で旧島はほぼ埋まってしまいました。この噴火によって西之島は、旧島の面積の0.07km^2（東京ドーム5.4個分）から、2016年初めには2.7km^2（東京ドーム200個以上）と約40倍に拡大しました。

　海抜高度は最高で150m（2015年7月）にまでなりました。その後、

2013年　西之島新島噴火

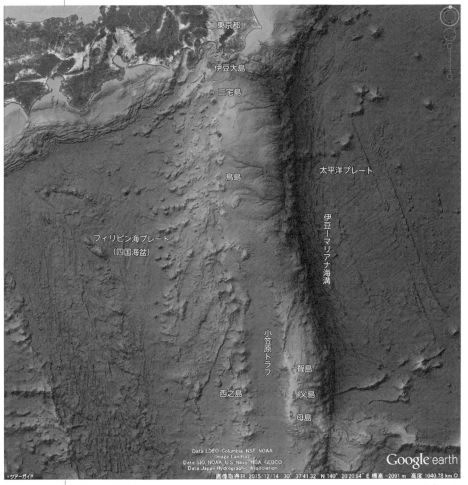

西之島の位置。　　　　　　　　　　　　　　　　　　©Google

溶岩の流出が少なくなったために、2016年初めでは140m程度になっています。ただ、西之島は深さ2000m以上の海底に直径30kmほどの基盤を置く大火山です。見えている西之島は、その頂上部だけが海面に顔を出しているというものなのです。

　この西之島の噴火の特徴は、2年間以上の長期に渡って溶岩を流し続けたことです。すでに、その流出量は2015年末の段階で1.6億m³

2013年11月21日

2014年1月12日

（気象庁ホームページより）

を超えています。1973年の噴火の時の流出量は0.17億m^3だったので、その9.5倍にもなります。この流出量は、20世紀以降の日本の火山の噴火としては、1914年桜島噴火の噴出量20億m^3、1934年〜35年の薩摩硫黄島の2.7億m^3、さらには1990年〜96年の雲仙普賢岳の2億m^3に次ぐものです。なお、1707年の富士山の宝永噴火は7億m^3でした。2016年初めになって、ようやくこの一連の噴火も終息に向かい始めたようです。

　流出量の多さよりも不思議なのが、そのマグマ（溶岩）が安山岩であるということです。化学組成では安山岩の溶岩であるにもかかわらず、玄武岩の溶岩のように流れやすい溶岩であることも特徴です。流れやすいのは、たんに噴出時の温度が高いためだと思われます。

　西之島の溶岩が安山岩であることは、同じ伊豆－マリアナ海溝沿いの伊豆大島、三宅島、八丈島などがおもに玄武岩の溶岩であることと対照的です。二つの溶岩の大きな違いは、二酸化ケイ素（SiO_2）含有量で、玄武岩は少なく（そのため色は黒っぽく）、安山岩はそれよりは多い（色は少し薄く）ということです。一般に安山岩は大陸地殻で噴出する火山に多い溶岩です（15ページ）。現在わかっている両者の違いは、伊豆大島から八丈島では地殻が厚く（大陸的な地殻）であるのに、西之島付近では地殻が薄い（海洋的な地殻）という地下構造の違いです。なぜこうした違いが溶岩の性質の違いになるのか、あるいは逆に、こうした地下構造の違いが溶岩の違いの原因になるのか、まだ

2013年　西之島新島噴火

2015年12月22日、旧島を完全に飲み込んだ。
（海上保安庁ホームページより）

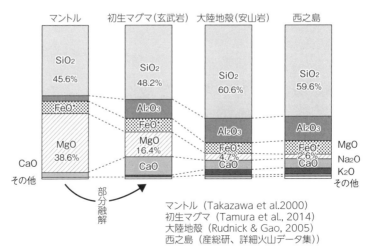

マントル（Takazawa et al.2000）
初生マグマ（Tamura et al., 2014）
大陸地殻（Rudnick & Gao, 2005）
西之島（産総研、詳細火山データ集）

西之島の溶岩は、大陸地殻の安山岩とほぼ同じ組成。
（海上保安庁の図をもとに作成）

現在は「仮説」が出されている段階です。

　少し飛躍して考えると、ここはいままさに大陸的な地殻が作られつつある現場なのかもしれません。地球誕生時の灼熱の時代が終わって冷え始めたころ（40数億年前ころ）、地球は全部が海で、大陸はなか

ったと考えられています。長い地球の歴史の中で大陸（大陸地殻）は、マントルから絞り出されたマグマによって少しずつ成長してきたと考えられているのです。そうした地球の歴史を考えると、ここ西之島はいままさに大陸地殻が成長している現場なのかもしれないのです。そうした意味で西之島の噴火活動は、地球科学者たちから非常に注目されています。

* 　伊豆諸島の中でも、新島、神津島などは流紋岩質マグマによる噴火の場合もあります。これは単純にマグマの分化（292ページ）の結果で、これらの火山島の初めのころは玄武岩質マグマだったと考えられています。

* 　伊豆諸島からこの西之島、さらに南に硫黄島などの活火山の列が続きます。小笠原トラフを挟んだ東側にある小笠原諸島ももともとは火山列島でしたが、4000万年前には活動を終えています。なぜここで火山列が二重になっているのかもよくわかっていません。

2014年 御嶽山噴火　噴火警戒レベル1だったのに戦後最悪の噴火災害。

　9月27日11時52分、御嶽山が噴火しました。この噴火により、犠牲者58人、行方不明5人の計63人の犠牲者が出ました。これは1991年の雲仙普賢岳の合計44人（1991年6月3日以外も含めて）を上回る戦後最悪の噴火災害となったのです。またこの犠牲者数は、1914年の桜島の噴火による58人〜59人をも上回るものです。

　噴火はマグマが関与しない水蒸気爆発（121ページ）でした。その規模は1979年の噴火と比べても決して大きなものではありません。噴出物の総量も、1991年の雲仙普賢岳噴火の400分の1程度です。

　それなのに、なぜこのような多大な被害が出たのでしょうか。それはまず噴火したそのときに、頂上付近に大勢の登山者がいたからです。1979年の噴火の時は10月28日の早朝に起きました。10月末といえば3000mを超える御嶽山はもう冬です。このような暗くて寒い朝の

2014年　御嶽山噴火

噴煙を上げる御嶽山。
（文部科学省ホームページより）

早い時間帯には登山者はいなかったのです。一方2014年のこのときは、御嶽山の中腹は紅葉の真っ盛りの時期でした。晴天の土曜日ということもあり、また登山そのものは難しい山ではないので、老若男女の大勢の登山者（200人以上？　登山届けを出さないで入山した人も多いので正確な人数はわかりません）が山頂付近にいたのです。まさに、頂上に着いてほっと一息、12時に近い時ですからお昼のお弁当を食べようとしていた人たちも多かったに違いありません。

　そんなときにいきなり噴火したのです。あっという間に噴煙に包まれあたりは真っ暗になります。その真っ暗な空からはまだ熱い火山礫が雨あられと降り注いできました。かろうじて素早く現場を離れて下山できた人、ようやくの思いで頂上付近の山小屋に逃げ込むことができた人たち以外は、噴石を防ぐすべもなく打たれて亡くなったり、あるいはそのために身動きができなくなったところに火山灰で埋まって呼吸ができなくなったりして亡くなってしまいました。ストロンボリ噴火のときは、火口に背を向けないで、火口から噴き上げられる噴石

噴石で穴だらけになってしまった山頂の御嶽神社。
(気象庁ホームページより)

を見て、それをよけながら逃げろといわれていますが、とてもそのような状況ではなかったのです。

　では、なぜ活火山である御嶽山に登れたのでしょう。それは当時、御嶽山の噴火警戒レベルが1（＊）だったからです。噴火警戒レベル1は「活火山であることに留意」というだけのもので、入山規制はないのです。

　気象庁や大学などの関係機関は、この噴火の前兆をとらえられなかったのかということになります。ここが難しいところです。たしかに小さな火山性の地震は9月に入って増えてきていました。しかし、そのピークは10日、11日で、それを境に沈静化していくように見えました。さらに、地殻変動のデータも山体の膨張を示すようなものは認められませんでした。気象庁は9月11日以降3回、「火山の状況に関する解説情報」を出して、自治体の防災担当者などに伝えています。ただその解説情報の中では「地震は増加している。(火山性)微動なし、

地殻変動変化なし」とあるので、これを受けた自治体は対応をしませんでした。

　噴火の可能性を示す火山性微動^(*)が観測されたのは当日の11時42分、噴火のわずか10分前でした。気象庁が噴火を発表したのが12時00分、12時36分に噴火警戒レベル3（入山規制）になりました。だが、このころにはすでに大惨事になっていたわけです。

　御嶽山は1979年以降、1991年と2007年にもごく弱い噴火をしています。このときは、事前に火山性微動もあり、さらに2007年には火山体の膨張もありました。こうした過去の経緯も、今回の判断の遅れにつながってしまったと思われます。

　火山噴火予知連会長の藤井敏嗣氏のいうとおり、「火山噴火予知はまだ実用には達していません」というのが本当のところだと思います。改めて考えると、2000年の有珠山噴火（233ページ）の「予知成功」は運がよかったということなのかもしれません。

　この噴火では、小規模ではありますが火砕流^(*)も発生しています。滝越の監視カメラははっきりと火砕流の様子をとらえているのに、気象庁はなかなか火砕流の発生を認めようとしませんでした。これは、2015年5月29日に箱根の大湧谷がごく規模の小さい噴火（マグマの関与がない水蒸気噴火）をしたときも、気象庁は当初「噴き上げられた土砂とみられ、噴火ではない」といっていたことと通じるものがあります。気象庁は未だに、「本当のことを発表すると、（無知な）一般人はパニックに陥る」という神話の呪縛から逃げられていないようです。

* 噴火警戒レベル

　噴火警戒レベルは1から5まであります。それぞれのレベルの意味については下の表を参照。日本には110の活火山があります。その110の中で気象庁は活動的な火山と、また現在はあまり活動的ではないがもし噴火すると重大影響を与える火山との50を指定して、2016年初めの段階では34の火山で実際に噴火警戒レベルを運用しています。

種別	名称	対象範囲	レベル	キーワード
特別警報	噴火警報（居住地域）又は噴火警報	居住地域及びそれより火口側	レベル5	避難
			レベル4	避難準備
警報	噴火警報（火口周辺）又は火口周辺警報	火口から居住地域近くまで	レベル3	入山規制
		火口周辺	レベル2	火口周辺規制
予報	噴火予報	火口内等	レベル1	活火山であることに留意

噴火警戒レベル。
（気象庁ホームページの図をもとに作成）

* 火山性地震と火山性微動

　火山性地震は火山とその周辺で起こる地震の総称で、マグマの移動などで地下の岩石が破壊されることによって生じます。火山性微動は数十秒から数分、場合によっては数時間も続く始めも終わりもはっきりとしない、ふつうの地震とは波形も違う震動です。火山性微動はマグマ、熱水、火山ガスの移動や振動で生じます。

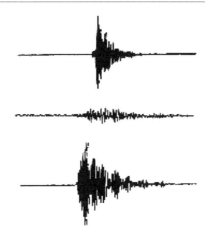

火山性地震と火山性微動の波形。火山性地震、火山性微動の例。上3例が地震、下2例が微動。この他にも多様な波形がある。
（気象庁ホームページの図をもとに作成）

＊　　今回の御嶽山の噴火で発生した火砕流は、木々を焦がすほどの温度ではない低温火砕流であったことが、後の現地調査でわかりました。

2015年 小笠原西方地震　M8.1　奇妙な深発地震。

　5月30日20時23分、小笠原西方の深さ682kmというところで、M8.1の巨大地震が起きました。この地震は気象庁が観測を始めて以来、初めて日本全国で有感（震度1以上）となりました。あの東北地方太平洋沖地震（250ページ）でも宮崎県では有感でなかったのです。ただ、震源の深さが680km以上であったので（直線距離としては東京－広島（679km）、あるいは東京－函館（684km）程度）、最大でも震度5強でしたから目立った被害は出ていません。また、この地震は、深発地震特有の異常震域(*)を起こしています（異常震域については278ペ

第 5 章　2001年から2016年半ば（21世紀）

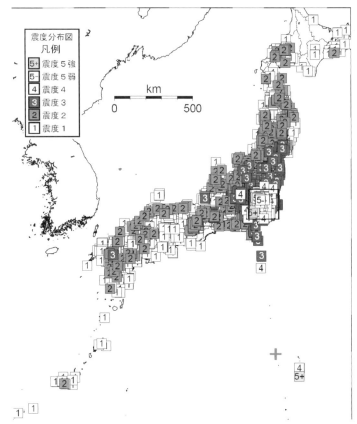

震央と震度分布。揺れの中心が震央（+）から大きくずれている。
（気象庁ホームページより）

ージ）。

　この地震が注目されるのは、まずその深さと大きさ（マグニチュード）であり、それ以上に震源の位置と地震のメカニズム（断層）です。日本列島はプレートが潜り込む地帯なので、世界的に見ても深い地震が起こる場所ではあります。父島近海もしばしば深い地震が起きている場所です。しかし、その深さはこれまではせいぜい550km程度でした。それが、いっきにこれまでよりも100kmほど深い場所で起きたことになるのです。マグニチュードも、こうした場所での地震は最大で7クラスであったのに、この地震は8でした。エネルギー的に

2015年　小笠原西方地震　M8.1

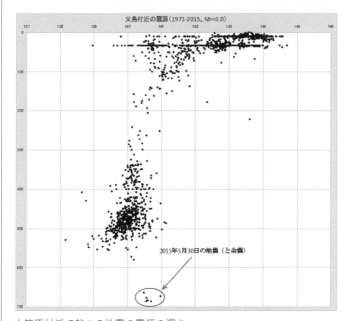

小笠原付近で起こる地震の震源の深さ。
（アメリカ地質調査所(USGS)の地震データベースから得た数値を用いてExcelで作成）

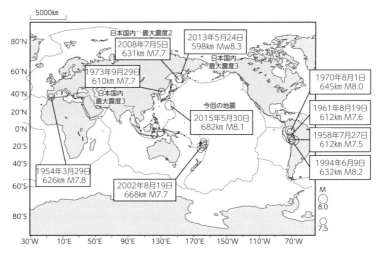

世界で発生した規模の大きな深発地震の震央分布図。
（1900年1月1日～2015年5月31日、深さ300～700km、M ≧ 7.5）
（気象庁ホームページの図をもとに作成）

はこれまでの30倍の地震が起きたということになります。

さらに、このような深い場所で起こる地震を起こす力は、プレートが潜り込む向きにはたらく圧縮力でした。マントルは深さ660km付

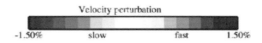

下の地図の線を引いたところの断面が上の図。小笠原近海を含む地震波CT。冷たくて堅いプレートが潜り込んでいくが、深さ660kmくらいから下へは潜り込めずに停滞している様子がわかる。今回の地震はこのCTから見えるプレートの外にあるように見える。「http://csmap.jamstec.go.jp/ を利用して作製。使用モデル：GAP-P4 Obayashi,M.,Yoshimitsu,J.,Nolet,G.,etal.(2013).FinitefrequencywholemantlePwavetomography:Improvementofsubductedslabimages.GeophysicalResearchLetters40:5652-5657.(doi:10.1002/2013GL057401)

Fukao,Y.,andObayashi,M.(2013).Subductedslabsstagnantabove,penetratingthrough,andtrappedbelowthe660kmdiscontinuity.JournalofGeophysicalResearch,118:5920-5938.」

近から急に堅くなります。それはマントルを構成しているかんらん岩の主要鉱物かんらん石が、スピネルという堅い構造になるため（相転移するため）です。このために、潜り込むプレートが深さ 660km くらいに達すると、その深さ以上に潜り込めずに停滞してしまいます。それでも上からはまだプレートが潜り込んでくるためにそこでつかえてしまい、その結果プレートが潜り込む向きに圧縮力がはたらいて、起こる地震は逆断層タイプになるというものでした。ところがこの地震は張力による正断層タイプのものだったのです。

　この地震はこのように、震源の深さも、震源断層のタイプもこれまでとはまったく異なるものだったのです。日経サイエンス 2015 年 11 月号には、JAMSTEC の大竹政行氏のこの地震に対する解釈が載っています。ですが、これは現時点での解釈の一つであり、不思議な地震だったということに変わりはありません。またこの位置は、前項の西

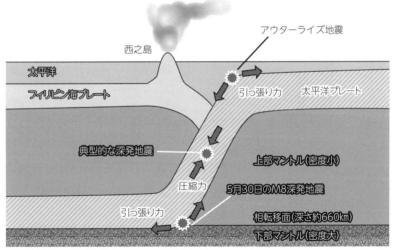

この地震の一つの解釈（JAMSTEC 大竹政行氏）。
潜り込もうとするプレートが、深さ 660km で密度の大きくて堅い下部マントルに阻まれて折れ曲がる。その折れ曲がったところでは張力がはたらくので、今回のような正断層型の地震となる。ちょうどプレートが潜り込もうとしている場所（アウターライズ）で起こる地震（157 ページ）と同じようなことが、深いところでも起きているという考え。典型的な深発地震は、潜り込む先がつかえているので圧縮力が働いて、逆断層タイプの地震となる。

之島とも非常に近い場所でもあります。もしかするとこの二つには関係があり、地球科学の新しい局面を開くヒントとなる地震なのかもしれません。

* 異常震域

　震源（震央）から離れたところに、ゆれの中心（震度の中心）があるという地震、あるいはこうした現象を異常震域といいます。下の左は若狭湾沖に震央があるのに、東北地方の太平洋側で強く揺れています。右も震央は紀伊半島沖なのに、東北地方の太平洋側で強く揺れています。

　こうした異常震域現象が出る地震の共通した性質は、震源が深いということです。左の地震の震源の深さは347km、右の地震の震源は395kmもあります。400kmとすると、東京－大阪、あるいは東京－盛岡程度の距離になります。

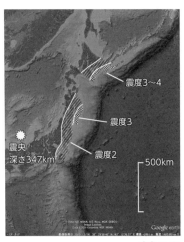 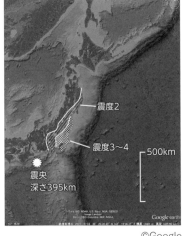

©Google　　　　　　　　　©Google

（日本地震学会 Web 広報誌「なゐふる」第 64 号（2007 年 11 月）をもとに作成）

この現象は、次ページの図のように、日本列島は冷たくて堅い太平洋のプレートが潜り込んでいる場所であるとすると理解できます。つまり、こうした震源が非常に深い地震の場合、冷たくて堅いプレート中を伝わる地震波は減衰が小さいので、距離が遠い東北の太平洋側（図ではひたちなか）まで伝わっても地震波はあまり弱くなりません。一方、日本海側（図では津幡）は距離は近いのですが、途中で減衰の大きな部分（ちょっと温度が高くて岩石が柔らかい部分）を通らなくてはならないので、それだけ地震が弱くなってしまうという解釈です。

2015年　小笠原西方地震　M8.1

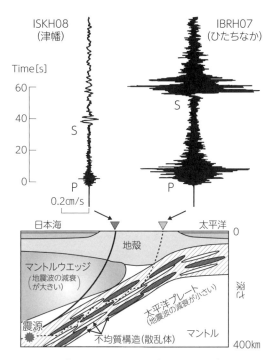

（日本地震学会 Web 広報誌「なゐふる」第 64 号（2007 年 11 月）をもとに作成）

　こうした異常震域現象が、マントルの構造によるものだと最初に明らかにしたのは宇津徳治で 1966 年のことでした。今から考え直すと、これは日本列島の下に潜り込んでいるプレートを見つけたことになるのですが、当時、そこまでいえなかったのは残念なことでした。

　異常震域を起こす地震波についてもう少し詳しく見てみると、短周期成分（カタカタという揺れ、周期 0.5 秒以下）が卓越していて、しかもその揺れが長く続きます。一方、長周期成分（ゆらゆらとした揺れ、周期 0.5 秒以上）はそれほどでもないか、かえって小さいくらいです。こうしたことは、単にプレートが 1 枚の堅い岩盤ということでは説明できず、硬い岩石と柔らかい岩石が薄く交互に積み重なった状態になっていると考えると、その中で短周期の地震波だけが反射・屈折（散乱）を繰り返すことによってエネルギーが閉じ込められて地震波が弱められずに遠くまで伝わる、また散乱を繰り返すことによって地震波の波群が伸びて揺れが長く続くようになる、とうまく

説明がつきます。

　もう一つ、異常震域を起こす地震波は伝わる速さが速いという特徴もあります。これは1960年〜70年代、気象庁が求めた震源位置と、当時世界中の地震データを使って震源を求めていた機関（CGS）が求めた震源位置について、気象庁が求めた震央位置の方が海溝側に寄り、深さも浅めに求まる、そのずれの大きさが震源が深いほど大きくなるという系統的なずれがあるということからわかりました。

　これも宇津徳治が解決しました。つまり、気象庁は地震波の伝わる速さが速い潜り込むプレート内を伝わってきた地震波をおもに解析しているため、そうしたことを考慮せずに平均的なマントル内を伝わる地震波速度として計算すると、震源位置がどうしても海溝寄りに、また浅めに求まってしまうことになります。だから、この気象庁とCGSが決めた震源のずれは誤差とか間違いとかではなく、意味があるものだったのでした。

　実際に、この2015年5月30日の地震についても、気象庁の速報では「震源地小笠原諸島西方沖、北緯27.9度、東経140.8度、深さ590km、M8.5」となっていました。一方アメリカ地質調査所（USGS）の速報では「北緯27.90°、東経140.80°、深さ696.0km、M8.5」でした。震央の位置は同じですが、震源の深さは100kmほど気象庁の方が浅くなっています。

　気象庁の速報では、とりあえず震央に近い4ヵ所の観測点のデータを使ったということです。そうすると、これらの観測点へは地震波の伝わり方が速い所を通ったために、平均的なマントルを通過するよりも観測点に早くついた、だから震源を浅いと計算してしまったということになります。震央の位置が両者同じなのは、このあたりのプレートは垂直に近い角度で潜り込んでいるために違いが出なかったのでしょう。

　気象庁はその後、この地震を日本全体の観測点での記録を用いて「詳細に解析した結果、震源位置を北緯27°52.6′、東経140°40.91′、深さ682km、M8.1」に訂正しました。また、USGSも北緯27.8386°、東経140.4931°、深さ664km、M7.8にしました。震源の深さも、両者ほとんど同じ値になったといえるでしょう。

2015年　5月29日　口永良部島噴火　全島民避難。

2016年　熊本地震（2016年4月14日〜）

　4月14日21時26分、熊本県益城町を震央とするM6.5の地震が起き、益城町では震度7という激しい揺れとなりました。その後、大

きな余震が続き、14日22時07分にM5.8（最大震度6弱）が起き、そして15日00時03分にはM6.4（最大震度6強）というほぼ最初の大きな地震に匹敵する地震が起きました。これらを含め余震が数多く起きていましたが、その数は時間の経過とともにこれまでの地震と同じような割合で減ってきていました。ところが、16日00時25分にM7.3（最大震度7）という、最初の地震を上回る規模の地震が起きたのです。気象庁はこれを一連の地震の「本震」とし、これまでの地震はこの地震の「前震」であったと発表しました。

　これ以後も震度6弱以上の揺れを起こした地震が3回起きています。さらに余震の数は、これまで余震の数が多い地震であった2004年の新潟県中越地震（M6.8）を上回るようになりました。余震の減り方も小さいことが特徴です。6月半ばまでに、震度1以上の揺れを起こした地震の数は1800回近くにもなっています。

　強い揺れに何回も襲われたために、一回目、二回目の強い揺れに耐えることができた建物も、じつはそのたびごとに少しずつ傷みが増していて、三回目、四回目の強い揺れに持ちこたえることができずに倒壊してしまうというようなことが多く起きたのです。2016年5月終わりの段階で、全壊した建物は8000戸以上になっています。

　この一連の地震活動によって解放されたエネルギーの総量は10^{16}J（ジュール）程度になります。M7.3の地震のエネルギーは6×10^{15}Jくらいです。つまり、たくさんの前震・余震が起きていますが、エネルギー的には「本震」一つでほぼ全部のエネルギーが解放されたということになります。

　この地震では2014年の御嶽山噴火による噴火災害による63人の犠牲者数に次ぐ、50人もの犠牲者が出てしまいました。そのうちの7割に当たる37人が倒壊した建物によるものです。14日の強い地震の余震も収まりかけたようなので、家に戻って寝ていたところに16日深夜の「本震」に襲われた建物が倒壊してしまったというケースも多かったようです。

　また、阿蘇地方では至る所で山崩れが起きました。もともと、火山

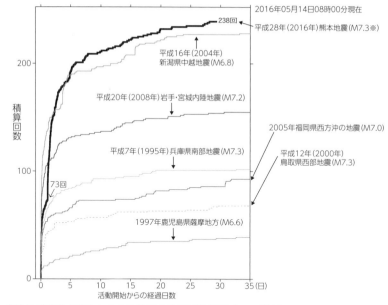

内陸及び沿岸で発生した主な地震の地震回数比較（M3.5以上）。

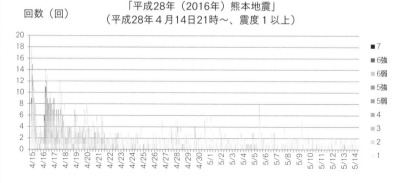

熊本地震の余震。
（気象庁ホームページの図をもとに作成）

は火山灰や火山礫が積もってできている部分もあるので、山崩れが起きやすいのです。9人が土砂崩れに巻き込まれて亡くなっています。

　この地震では電気・ガス・水道、九州自動車道を含む道路、また九州新幹線を含む鉄道などにも大きな被害を与えました。

2016年 熊本地震（2016年4月14日〜）

山崩れで消失した阿蘇大橋（国土地理院ホームページより）。
http://maps.gsi.go.jp/3d/gallery/20160414kumamoto/asooohashi/index_webgl_map.html

　九州のこのあたりは別府－島原地溝帯（55ページ）という南北の張力がはたらいている張力場にあたり、たくさんの活断層が走っています。14日のM6.5の大きな「前震」は、その中の日奈久断層帯の北部、布田川断層帯と交差する付近を震源としていました。そしてM7.3の「本震」は布田川断層帯で起きています。その後も、布田川断層帯と日奈久断層帯の北部で多くの地震が起きています。次ページの図のA地域です。

　この熊本地震の特徴は、余震が多いということの他に、地震活動の場が広がっていったということです。連動した、あるいは誘発したという表現が可能かと思います。震源域が一つで単純な前震－本震－余震というタイプとは異なっているともいえます。

　その活動の広がりの一つは、今まで活断層が知られていなかった阿蘇地方です。図ではB地域になります。ここでは最大でM5.9の地震が起きました。この地域は阿蘇の火山活動による噴出物で埋められているために、これまでの地表の調査では見えせんでしたが、布田川断層帯がこちらに伸びているという可能性があります。

　さらに活動は東の大分地方にも広がりました。図ではC地域になります。ここでは最大でM 5.4の地震が起きています。ここには別府

－万年山断層帯があります（55 ページ）。この断層帯を形成する個々の断層は雁行の配置となり、断層帯の北側では南下がりの正断層、南側では北下がりの断層となります。

さらにその東側に行くと、中央構造線（中央構造線活断層系）という大断層があります。そして四国電力の伊方原発が断層の近くにあります。四国の中央構造線活断層系はほぼ一本の右ずれ断層、そして地質構造の明瞭な境界でもあります。一方、別府－万年山断層帯はたくさんの雁行配置の正断層の集まり、地質構造の明瞭な境界とはいえないというものです。両者の性格はかなり違うし、また 2016 年 6 月の段階では、四国の中央構造線で地震活動が活発になってきたという兆候はありません。ただ、今後の推移は注意深く見守る必要があると思います。

また、4 月 15 日の大きな「前震」を起こした日奈久断層帯の南側が 2016 年 5 月初めの段階でほとんど動いていないことも気になりま

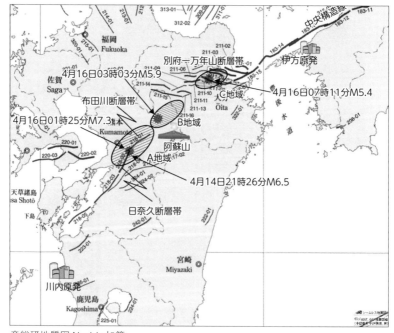

産総研地質図 Navi に加筆。

す。ただ、一部で心配されている川内原発ですが、日奈久断層の南部が活動したとしても、原発から40kmほど離れています。M7クラスの地震よる甚大な被害は、震源断層のごく近くに限られるということを考えると、それほど不安を煽ることはないと思います。ただ、これは川内原発に限らず、他の原発を稼働したときの危険性と同じという意味です。

　16日の本震M7.3を詳しく解析すると、断層は北東から南西に伸び、北側に傾斜しています。その動きは断層の北側が下がり、また東に動いているということがわかりました。つまり、正断層と右ずれ断層が合わさった動きになっています。そのずれの量は、垂直方向では北側で最大1m以上の沈降、南側では最大30cm以上の隆起、水平方向では北側で東向きに最大で1m以上、南側で西向きに最大50cm以上の変動となりました。この解析結果は、実際の地表に現れた地表地震断層と調和的です。

畑の食い違いから右ずれの断層だとわかる（益城町の畑）。
（読売新聞/アフロ）

第5章 2001年から2016年半ば（21世紀）

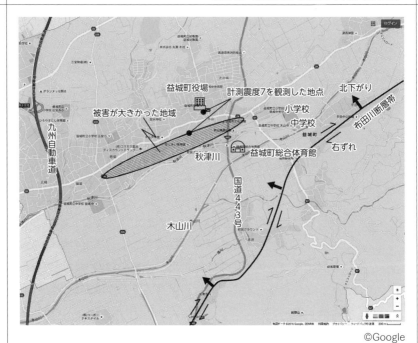

©Google
被害が大きかった帯状の地域は、兵庫県南部地震（230ページ）のときのように断層の真上ではなく少しずれている。

　またこの一連の地震活動によって、とくに大きな被害を受けた地域はかなり限定した所だということもわかってきました。その場所は、断層の真上ではなく。おそらくは近くを流れる秋津川の河原だったところだと思われます。まだ、地盤が固まりきっていない場所だったのでしょう。
　もう一つ、大きな被害が出た家屋の共通点は1981年以前の建物が多い、すなわち現在の建築基準以前の建物で、強い揺れに対応していなかったということです。ただし、何回もの強い揺れに襲われたために、現在の建築基準で建てられた家屋でも、大きな損傷を受けてしまったものがたくさんあります。
　政府の地震調査研究推進本部の活断層評価では、布田川断層帯で起きる最大の地震はM7.0〜7.2程度、今後30年以内にそうした地震

が起こる確率はほぼ0%〜0.9%、あるいは不明としていました。また、日奈久断層帯の北部では最大M6.8程度、確率は不明となっています。今回はまだ動いていない日奈久断層帯の南部では最大M7.5程度、八代湾では今後30年以内の確率はほぼ0〜16%としています。さらに別府－万年山断層帯では最大でM7.4程度、今後30年間でそれが起こる確率ははほぼ0%〜4%となっています。地震調査研究推進本部はマグニチュードの予想はできたといえるかもしれませんが、時期についてはまったく予想が甘かったということになります。つまり、地震の予知はまだその程度のレベルということだと思います。

この地震により、日本のあらゆる場所で甚大な被害を起こす地震（火山も）の可能性があるということを再認識させられたかと思います。事前の防災、地震直後の対応、さらには被災者に対するその後の支援などのよかった点、反省すべき点をきちんとまとめ、今後に備えることが大切でしょう。

* 中央構造線と中央構造線断層帯

構造線とは地質が大きく異なる境の断層線のことで、中央構造線は日本列島の地質区分である西南日本内帯（日本海側）と西南日本外帯（太平洋側）の境界を指します。具体的には1億年前から7000万年前に形成された高温型の変成岩が広く分布する領家変成帯と、9000万年前から6000万年前に形成された高圧型の変成岩が広く分布する三波川変成帯の境界です。中央構造線は1億年以上前から活動している大断層で、

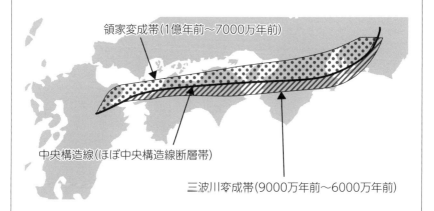

この断層運動の結果、異なる場所でできたはずの二つの変成帯が接するようになったのです。いわば古傷です。現在はこの古傷にほぼ沿うような活断層系である中央構造線断層帯が存在しています。その動きは四国では右の横ずれ断層です。

　問題は、この中央構造線断層帯が西へどこまで延びているのかです。2017年12月19日政府の地震調査研究推進本部は「中央構造線断層帯（金剛山地東縁－由布院）の長期評価（第二版）」を公表しました。それによると、中央構造線は九州には延びていないとしていたこれまでの見解を一部改め、「伊予灘からさらに西に延び別府湾を経て大分県由布市に達している。」としました。熊本地震の際に活動した別府－万年山断層帯も中央構造線の一部ということになります。ただこの断層帯は雁行の正断層帯で、四国では右の横ずれ断層ですから断層の性格は違います。

　では、熊本地震の際に動いた他の断層帯（284ページの図のA地域、B地域の断層）は、中央構造線の延長なのでしょうか。いまのところそれを断定する証拠はない、つまり、まだ不明ということです。ただ、地震の直後から中央構造線が川内原発の近くを通っているかのような図が一部で出回りましたが、これは正しい図とはいえません。

　大きな目で見れば、中央構造線も、九州の断層帯（284ページの図のA地域、B地域、C地域の断層帯）も、ユーラシアプレートに沈み込むフィリピン海プレートの動きがもとになっています。この沈み込みが南海トラフを作り、そこで起こる大地震・巨大地震を発生させています。さらに沈み込む場所からは離れていますが、ユーラシアプレート内で中央構造線という大断層をつくり、その右ずれの動きを生じさせています。そして、さらにフィリピン海プレートの沈み込みが、九州の地下深くでは若干ねじれを伴っているためか、拡張域である別府－島原地溝帯（55ページ）をつくって、そこに火山や正断層（それに伴う地震）を生じさせていることになります。

参 考

参考

（1） 断層の種類と断層をつくる力

　岩盤に力が加わると、岩盤がだんだんとひずみ、蓄積したひずみが限界に達すると岩盤の破壊が始まります。岩盤の破壊はすなわち断層運動です。断層運動の衝撃が地震となります。地震によって岩盤のひずみが解消されるのです。

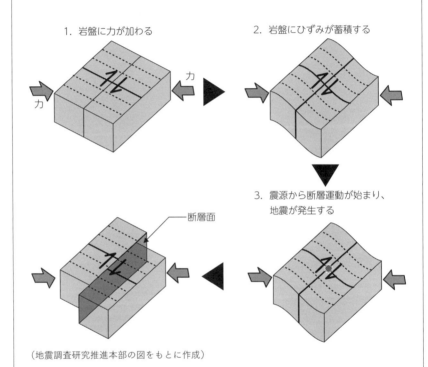

（地震調査研究推進本部の図をもとに作成）

　断層はそのずれの動き方から4種類に分けられます。まず大きく分けて、縦ずれ断層と横ずれ断層です。さらに縦ずれ断層は、張力がはたらいてできる正断層、圧縮力がはたらいてできる逆断層に分けられます。また横ずれ断層は力の向きによって、反時計回りにずれる左ずれ断層と、時計回りにずれる右ずれ断層になります。
　実際の断層の多くは、縦ずれと横ずれが組み合わさって、斜めに動いています。

(1) 断層の種類と断層をつくる力

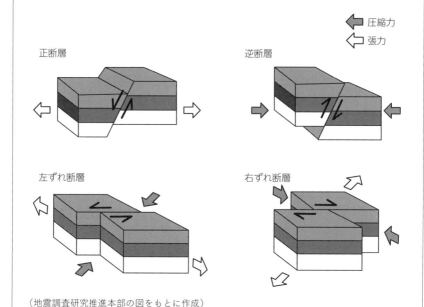

（地震調査研究推進本部の図をもとに作成）

　地震の原因となった断層を震源断層といいます。震源断層の中で最初に破壊が始まった（ずれ動き始めた）場所が震源で、その真上の地表の場所が震央です。じっさいの地震は震源の一点で起こるものではなく、震源断層全体が揺れを起こしています。この範囲を震源域といいます。だいたい余震が起こる範囲でもあります。

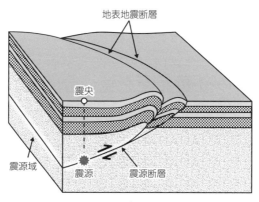

（地震調査研究推進本部の図をもとに作成）

参考

　活断層とは、これまで地震を起こしたことがあり、さらに今後も地震を起こす可能性がある断層のことをいいます。だから地震を警戒するということは、活断層に注意するということになります。しかし、2000年の鳥取県西部地震は、これまで活断層が知られていなかった場所で突然に起きました。つまり、活断層が知られていない場所にも隠れた（未発見の）活断層もあるということです。そもそも関東平野などの広い沖積平野（河川の堆積物が積もってできた平野、日本の平野はこれです）は、その堆積物のために地下の岩盤の様子が見えません。でも過去に地震が起きているわけですから、活断層がたくさん隠れていると考えざるを得ません。また、日本のまわりの海で起こる地震の震源は、海底下にあるので活断層を直接監視することはできません。
　海のプレートが陸のプレートの下に潜り込む場所（海溝やトラフ）では、低い角度の逆断層（低角逆断層）による地震がよく起こります。

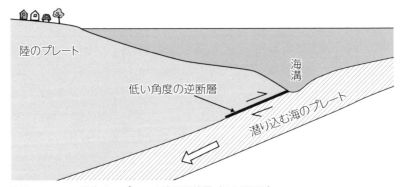

海溝やトラフで発生するプレート境界型地震（低角逆断層）。

（2） 火成岩の分類とマグマの分化

　マグマが冷えてできた岩石を火成岩といいます。マグマが地表に噴き出したりして急に冷えると、大きな結晶ができず火山岩という構造になります。逆に地下の深い場所などでゆっくりゆっくり冷えたときは、大きな結晶が集まった深成岩という構造になります。
　また火成岩はその組成よっても分類されます。かんらん石を多く含

む火成岩は色が黒っぽく、逆に石英や長石を多く含んでいると色は白っぽくなります。この色を決めるのは化学組成は二酸化ケイ素(SiO_2)です。二酸化ケイ素が結晶になったものが石英です（きれいなものは水晶ということもあります）。どの火成岩にも二酸化ケイ素が含まれていますが、その割合が違います。二酸化ケイ素が少ないと色は黒っぽくなり、多いと白っぽくなります。黒っぽい火成岩を苦鉄質（マフィック）、白っぽい火成岩を珪長質（フェルシック）といいます。苦鉄質の苦はマグネシウムを表し、鉄はもちろん鉄ですから、苦鉄質の火成岩はマグネシウムや鉄を多く含んでいることを意味します。珪長質の珪は石英の意味、長は長石の意味です。

　こうして、マグマの冷え方（それによって決まる構造）と、二酸化ケイ素の含有量を組み合わせて火成岩の分類がなされています。具体的には図を参照してください。たとえば玄武岩は黒っぽい色をした火山岩で、かんらん石や輝石、（Caが多い）斜長石からできていること

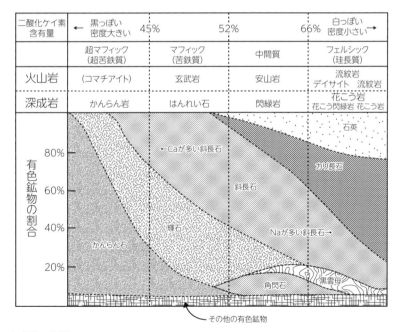

火成岩の分類。

がわかります。また、黒雲母や（Naが多い）斜長石、カリ長石、石英からなる深成岩は花こう岩だということもわかります。

　マグマが発生する深さ100km〜200kmのマントルはかんらん岩でできています。マグマはそのかんらん岩が全部融けてできるのではなく、かんらん岩の中の融けやすい成分だけが融けて（部分溶融して）発生します。この液体（マグマ）は玄武岩質のものです。

　では、どうして最初にできるマグマは玄武岩質なのに、火成岩は玄武岩やはんれい岩だけではなく、いろいろな種類のものがあるのでしょう。

　マグマの発生とは逆に、マグマが冷えるときには結晶として析出しやすい（融点の高い）鉱物から先に析出し沈殿します。つまり、沈殿した結晶の成分がマグマから抜けることになりますから、マグマの組成が変わることになります。その組成が変わったマグマからは別の鉱物が析出するようになるのです。これをマグマの分化といいます。マグマの分化により、マグマは最初の玄武岩質のものから安山岩質に変わり、さらにデイサイト質、最後には流紋岩質のものへと変わっていきます。こうして、色々な火成岩ができるのです。

　地下のマグマだまりがあまり時間をかけないで噴出すると、玄武岩質マグマが噴き出てきて玄武岩の溶岩を流すことになります。だから、玄武岩質溶岩は温度がまだ高く(1200℃くらい)、溶岩の粘りけが小さいので流れやすい溶岩です。

　ところが、マグマだまりのまま長い時間が経過すると、マグマの分化が進んできます。つまり、玄武岩質マグマからかんらん石などが析出して沈殿すると、残液（上澄み）は安山岩質マグマに変化します。この段階でマグマが噴き出せば、安山岩質の溶岩を流すことになります。安山岩質溶岩は、1日にせいぜい数百m程度しか流れないほど流れにくい溶岩です。日本の火山は安山岩質の火山が多いのですが、その理由はマグマの分化だけではありません。これについては15ページ以降を参照してください。

　さらに分化が進むと流紋岩質マグマとなります。流紋岩質の溶岩は、

（2）火成岩の分類とマグマの分化

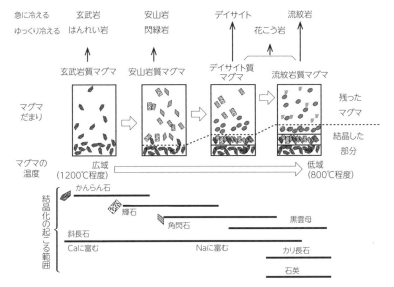

マグマの分化（マグマの量は実際の比ではない）。

二酸化ケイ素含有量	少ない ←	→ 多い
溶岩の粘りけ	小さくて流れやすい	大きくて流れにくい
溶岩の温度	高い（1200℃くらい）	低い（900℃くらい）
噴火の様子	比較的穏やか	爆発的な噴火
火山の形	盾状火山　　　成層火山	溶岩円頂丘
冷えた溶岩の色	黒っぽい	白っぽい
火山岩	玄武岩　　　安山岩　　デイサイト	流紋岩
代表的な火山	マウナロア　富士山　桜島 （ハワイ）　　　　浅間山	昭和新山

二酸化ケイ素含有量が決める溶岩や火山の特徴。

温度も900℃くらいに下がっていて、非常に流れにくいか、ほとんど流れない溶岩です。

　火山が年をとると、その火山の噴火のもととなったマグマだまりの

中でマグマの分化が進む、初めは玄武岩質のマグマによる比較的穏やかな噴火をする火山も、だんだんと安山岩質、デイサイト質、さらには流紋岩質のマグマになるために、爆発的な噴火を起こすようになります。富士山の宝永噴火の初期はこの例だと思われます。ただ、宝永の噴火のときは、マグマは再び玄武岩質に戻りました（84ページ）。

　マグマの性質（二酸化ケイ素含有量）は、火山の噴火の様子や火山の形とも大きく関係しています。それをまとめたのが前ページの表になります。

おわりに

　一次原稿を書き終えて少しほっとしていた4月半ばに、突然熊本地震（274ページ）が起きました。しかも震度7を記録した4月14日のM6.5よりも大きなM7.3の地震が4月16日に発生し、この地震でも震度7を記録するという異例の事態になりました。この地域は活断層の存在そのものと、それが動けばM7クラスの地震になるということはわかっていました。でも、地震が起こる時期については、それほど切迫しているとは思われていなかったのです。それは政府の機関であり、活断層の評価をしている地震調査研究推進本部ばかりか、ある週刊誌が持ち上げている、そして自らも的中率を誇っている民間の地震予測者なども同じでした。残念ながら、未だ地震予測・予知はできないと思っておいた方がいいでしょう。もしかすると、将来的にも実現できないかもしれません。

　そしてこの熊本地震は、日本では「ここならしばらく安全」という場所はないということを示したものだと思います。そのことは、この本を書いているときも強く思いました。日本の過去の記録を遡ると、まさに至る所で地震が起きているのです。

　1995年の兵庫県南部地震（228ページ）が起こる前は、何となく神戸市あたりは地震の安全地帯と思われていた節があります。また、1985年の日本海中部地震（208ページ）による津波被害まで、日本海側では津波被害は出ないという思い込みもあったようです。1771年の八重山地震津波（88ページ）では石垣島の人口が半減するぐらいの犠牲者が出ているのに、その石垣島でさえこの津波の記憶は薄れてきている、きちんと後世に伝えられていないと、石垣島を訪れたときに思いました。南西諸島では大きな地震・津波はないと思われているのかもしれません。

　活断層はいずれ地震を起こすということは確かです。しかし、活断層がない場所が安全かというとそうではありません。2000年の鳥取県西部地震（M7.3）のように、活断層が認められなかったところで突然大きな地震が起こることもあります。また、関東平野では過去に何回も被害地震が起きてい

ますが、それと対応する活断層は分厚い堆積物に隠されていて見えません。

　2000年の有珠山の噴火（233ページ）では、噴火の予知ばかりか、噴火の様式・推移もほぼ正確に予想することができ、住民の迅速な避難などの対応もうまくいったために、犠牲者を出さずにすみました。しかし、同じ年の三宅島の噴火（240ページ）では、噴火は思わぬ推移をたどることになりました。さらに、2014年の御嶽山の噴火（268ページ）では、「想定外」の突然の噴火となり、大勢の犠牲者を出してしまいました。噴火の予知も、地震予知と同様にまだまだ難しい、現代の科学はまだきちんと噴火を予知できるレベルに達していないということを示しています。

　さらに、地球全体にも影響を及ぼすであろう破局噴火もそのうち必ず起きます。でも、それがいつなのか、どのような前兆があるのか、どのような推移をたどるのかについてはまったくわかっていないという段階です。

　この本は、ベレ出版編集部の坂東一郎氏と話し合いながら書き進められました。企画段階からいろいろなアイデアが出されたのですが、最終的には思い切った年表形式になりました。日本全体を見れば「災害は忘れたころにやってくる」どころか、四六時中災害に襲われている、そればかりか地震・津波・火山噴火以外にも、この本では取り上げなかった台風などの気象災害もあるわけです。日本列島は大変な場所だと書いていて実感しました。

　ただ、第0章で書いたとおり、こうした地震と火山のおかげで今日の日本列島が作られてきたという側面もあるのです。今後も、そうした自然とうまく折り合いを付けながら生活していくしかないと思います。そうした観点からも、本書では、地震・津波・火山噴火について、それらがもたらした災害の詳細よりも、地震・津波・火山噴火そのものの特徴に力点を置いて書きました。ただ、かなりの数の地震・津波・火山噴火を取り上げたので、資料の読み間違いなど不正確なところもあるかと思います。ご批判をいただければ幸いです。

参考となる書籍

『理科年表 平成 28 年』（国立天文台、丸善、2015 年）
『地震活動総説』（宇津徳治、東京大学出版会、1999 年）
『地震・津波と火山の事典』（藤井敏嗣／纐纈一起編、東京大学地震研究所監修、丸善、2008 年）

参考となるおもなサイト

全般

◉地震調査研究推進本部（政府）：http://www.jishin.go.jp/
　活断層の長期評価：
　　http://www.jishin.go.jp/evaluation/long_term_evaluation/
　都道府県ごとの地震活動
　　http://www.jishin.go.jp/regional_seismicity/
　「南海トラフで発生する地震」
　　http://www.jishin.go.jp/main/yosokuchizu/kaiko/k_nankai.htm
　　→ http://www.jishin.go.jp/main/yosokuchizu/kaiko/k_nankai_kako.gif
　地震・津波の知識
　　http://www.jishin.go.jp/resource/
　各種パンフレット
　　http://www.jishin.go.jp/resource/pamphret/

◉中央防災会議（内閣府）の防災情報のページ
　歴史災害に関する教訓のページ
　　http://www.bousai.go.jp/kyoiku/kyokun/index.html
　歴史災害の教訓報告書・体験集
　　http://www.bousai.go.jp/kyoiku/kyokun/saikyoushiryo.htm

◉気象庁
　日本の活火山総覧（第 4 版 Web 掲載版）
　　http://www.data.jma.go.jp/svd/vois/data/tokyo/STOCK/souran/menu_jma_hp.html
　火山のページ
　　http://www.data.jma.go.jp/svd/vois/data/tokyo/STOCK/kaisetsu/vol_know.html
　「西之島の噴火について」
　　http://www.data.jma.go.jp/svd/vois/data/tokyo/326_Nishinoshima/326_index.html
　噴火警戒レベルの説明
　　http://www.data.jma.go.jp/svd/vois/data/tokyo/STOCK/kaisetsu/level_toha/level_toha.htm

- ◉ 産総研地質調査総合センター
  日本の火山データベース
  　https://gbank.gsj.jp/volcano/
  地質図 Navi
  　https://gbank.gsj.jp/geonavi/
  　　→構造図で活断層を表示

- ◉ 防災科学技術研究所
  地震の基礎知識とその観測
  　http://www.hinet.bosai.go.jp/about_earthquake/1stpage.htm

- ◉ 宇宙航空研究開発機構（JAXA）
  陸域観測技術衛星「だいち」（ALOS）
  　http://www.jaxa.jp/projects/sat/alos/index_j.html

- ◉ 日本地震学会広報誌「なゐふる」
  　http://www.zisin.jp/modules/pico/?cat_id=40

- ◉ 火山学者にきいてみよう！（日本火山学会）
  　http://www.kazan.or.jp/J/QA/br/qa-frame.html

富士山
- • 静岡大学防災総合センター
  　http://sakuya.ed.shizuoka.ac.jp/sbosai/fuji/wakaru/index.html

貞観の地震
- ◉ 産総研　貞観地震に関する成果報告，報道等
  　https://unit.aist.go.jp/ievg/report/jishin/tohoku/press.html
  こんなところに産総研（津波調査）
  　http://www.aist.go.jp/aist_j/aistinfo/story/no7.html

瓜生島伝説
- ◉ 長谷川亮一氏のウェブサイト
  　http://homepage3.nifty.com/boumurou/island/10/uryujima.html

日本の地震学の歴史
- ◉ 東京大学地震研究所　広報アウトリーチ室
  　http://www.eri.u-tokyo.ac.jp/outreach/
  　　→地球トリビア→地震研究所の歩み

松代群発地震
- 気象庁 特設サイト
  http://www.data.jma.go.jp/svd/eqev/data/matsushiro/mat50/disaster/higai.html

東海地震
- 気象庁 東海地震のページ
  http://www.data.jma.go.jp/svd/eqev/data/tokai/

東北地方太平洋沖地震
- 気象庁
  http://www.data.jma.go.jp/svd/eqev/data/2011_03_11_tohoku/
- 国土地理院
  http://www.gsi.go.jp/kanshi/h23touhoku_5years.html

西之島
- 海上保安庁 西之島のページ
  http://www1.kaiho.mlit.go.jp/GIJUTSUKOKUSAI/kaiikiDB/kaiyo18-2.htm

2015年5月30日小笠原西方の深発地震
- 気象庁 報道発表資料（平成27年5月31日16時00分）
  http://www.jma.go.jp/jma/press/1505/31d/201505311600.pdf

- 海洋研究開発機構（JAMSTEC） JAMSTECニュース 2015年6月12日
  http://www.jamstec.go.jp/j/jamstec_news/20150612/

熊本地震
- 気象庁 平成28年（2016年）熊本地震の関連情報
  http://www.jma.go.jp/jma/menu/h28_kumamoto_jishin_menu.html
  気象庁「平成28年（2016年）熊本地震」について（第40報）
  http://www.jma.go.jp/jma/press/1606/13a/kaisetsu201606130015.pdf

- 産総研地質調査総合センター 平成28年（2016年）熊本地震及び関連情報
  https://www.gsj.jp/hazards/earthquake/kumamoto2016/index.html

- 国土地理院 平成28年熊本地震に関する情報
  http://www.gsi.go.jp/BOUSAI/H27-kumamoto-earthquake-index.html

◎索 引◎

あ

始良火山……………………… 19
アウターライズ地震………… 69, 157
阿寺断層……………………… 52
跡津川断層………………… 52, 115
安山岩質………………… 17, 84, 294
異常震域……………………… 278
稲むらの火…………………… 111
今村明恒……… 130, 140, 146, 152, 160, 173, 200
宇津徳治………………… 204, 279, 280
液状化…………………… 192, 193
遠地津波………………… 129, 187
大森房吉………… 123, 125, 130, 140, 146, 152
沖縄トラフ…………………… 90

か

火砕成溶岩…………………… 96
火砕流………………… 18, 92, 94, 217
火山ガス……………………… 245
火山岩………………………… 292
火山灰………………………… 86
火山フロント………………… 9
火山礫………………………… 86
火成岩………………………… 292
活火山…………………… 206, 207
活断層………………………… 292
軽石…………………………… 86
カルデラ……………………… 18
逆断層………………………… 290

休火山…………………… 206, 207
共役…………………… 52, 125, 146
近地津波………………… 129, 187
苦鉄質………………………… 293
群発地震………………… 97, 196
警戒宣言………………… 163, 202
珪長質………………………… 293
玄武岩質………………… 16, 84, 294
小藤文次郎……………… 123, 144

さ

サージ………………………… 217
相模トラフ…………… 8, 44, 79, 151
砂嘴…………………………… 61
砂州…………………………… 61
死火山…………………… 206, 207
志田順………………………… 141
震央…………………………… 291
震源…………………………… 291
震源域………………………… 291
震源断層……………………… 291
深成岩………………………… 292
震度…………………………… 227
水蒸気爆発…………………… 121
スコリア……………………… 86
ストロンボリ式噴火
　……………… 28, 132, 214, 264
スラブ………………………… 12
正断層………………………… 290
関谷清景…………… 120, 122, 126, 152
せの海………………………… 33

前震 …………………… 181, 211, 261, 281

た

縦ずれ断層 ………………………… 290
弾性反発説 ………………………… 145
中央構造線 ………………… 41, 61, 287
超巨大噴火 …………………………… 18
津波 ………………………………… 13
津波地震 …………………………… 129
津波てんでんこ …………………… 159
低角逆断層 ………………………… 292
デイサイト質 …………………… 84, 294
都市直下型地震
　…………………………… 13, 113, 228
トラフ ……………………………… 9
トリプルジャンクション …………… 8

な

南海トラフ ……… 9, 29, 41, 43, 48, 67, 81,
　　90, 107, 108, 160, 173, 175, 203
南西諸島海溝 …………………… 9, 90
二酸化硫黄 ………………………… 245
二酸化ケイ素 ……………………… 293
日本地震学会 ……………………… 118
根尾谷断層 …………………… 52, 124

は

破局噴火 …………………………… 18
発光現象 …………………… 39, 197
左ずれ断層 ………………………… 290
フォッサマグナ …………………… 10
付加体 ………………………… 10, 174
プリニー式噴火 ………… 96, 135, 237
ブルカノ式噴火 ………… 91, 96, 138

プレート境界型 …………………… 11
噴火警戒レベル ……………… 239, 272
噴火警報 …………………………… 239
別府－島原地溝帯 ………… 55, 60, 283
別府－万年山断層群 ………… 55, 283

ま

マグニチュード ……………… 13, 188
マグマ ……………………… 15, 292
マグマ水蒸気爆発 ………… 121, 215
マグマだまり ………………… 16, 18
マグマの分化 …………………… 84, 294
マグマ噴火 ………………………… 122
丸山卓男 ………………… 125, 145, 200
右ずれ断層 ………………………… 290
ミルン …………………………… 118, 123
メタンハイドレート …………… 66, 67
モーメントマグニチュード
　……………………………… 40, 188
モホロビチッチ不連続面 …………… 16

や

溶岩ドーム ……………… 166, 219, 237
横ずれ断層 ………………………… 290
余震 ………………… 158, 181, 261, 281

ら

ラハール …………………………… 70
陸繋島 ……………………………… 61
流紋岩質 …………………………… 294

著者紹介

山賀 進（やまが・すすむ）

1949年　新潟生まれ
1968年　東京都立立川高等学校卒業
1973年　名古屋大学理学部地球科学科卒業
1973年～2015年　麻布中学校・高等学校教諭（理科・地学）

● 物理や化学みたいな分析的・個別還元主義的な自然の見方以外に、まず総合的・全体的に対象を捉える方法もあるということを伝えるのを目標に、中高一貫校で40年以上、理科の"地学"を教える。教えた生徒数は延べ人数で7000人～8000人くらい。
● 趣味はカメラ。自宅近くでの野鳥撮影（動画中心）、山や旅行の写真（静止画中心）をたくさん撮る。とくに2011年3月の東北地方太平洋沖地震以降は、日常の当たり前の光景を記録しておくことも大切だと思うようになる。
● ある程度元気なうちは自宅に引きこもらないで、できるだけ外（自宅近くの散歩から国内・海外旅行まで）に出たいと思っている。もちろんカメラを持って。
● 退職してからは、「ミンナニデクノボートヨバレ　ホメラレモセズ　クニモサレズ」という生活が理想。最後の「苦にもされず」は大変に難しいことは自覚している。
● 自分の備忘録を作ること、中高生に宇宙と地球と人類について何がわかってきたのかということを伝えるのを目標にホームページを公開している。
http://www.s-yamaga.jp/
● 著書『君たちの地球はどうなっているのか　そして、どうなっていくのか－かけがえのない地球－』（麻布文庫）、『一冊で読む　地球の歴史としくみ』、『地球について、まだわかっていないこと』（以上、ベレ出版）

科学の目で見る　日本列島の地震・津波・噴火の歴史

2016年7月25日	初版発行
2018年2月20日	第3刷発行

著者	山賀 進（やまが すすむ）
カバーデザイン	BSDesign
本文図版	山賀進／あおく企画
DTP	あおく企画

©Susumu Yamaga 2016. Printed in Japan

発行者	内田 真介
発行・発売	ベレ出版 〒162-0832　東京都新宿区岩戸町12 レベッカビル TEL.03-5225-4790　FAX.03-5225-4795 ホームページ　http://www.beret.co.jp/ 振替 00180-7-104058
印刷	三松堂株式会社
製本	根本製本株式会社

落丁本・乱丁本は小社編集部あてにお送りください。送料小社負担にてお取り替えします。
本書の無断複写は著作権法上での例外を除き禁じられています。購入者以外の第三者による本書のいかなる電子複製も一切認められておりません。

ISBN 978-4-86064-476-5 C0044　　　　　　　　編集担当　坂東一郎